装帧设计：莎拉·万斯

社

版

图书在版编目（CIP）数据

彼得·沃克 极简主义庭园/(美)莱威等著；王晓
俊译. —南京：东南大学出版社，2003.1
（现代园林设计与艺术译丛）
ISBN 7-81089-161-8

Ⅰ. 彼... Ⅱ. ①莱...②王... Ⅲ. 园林设计–美国
–图集– Ⅳ.TU986.2-64

中国版本图书馆 CIP 数据核字(2002)第 094070 号

Peter Walker: Minimalist Gardens
By Leah Levy
ISBN 1-888931-00-0
First Published in 1997 by Spacemaker Press, Inc.
Copyright © Spacemaker Press, Inc.

Spacemaker Press, Inc.
739 Allston Way
Berkeley, CA 94710
USA

出版发行 东南大学出版社
地址 南京四牌楼 2 号
邮编 210096
Tel 86-25-3793330
Fax 86-25-3362442
E-mail yibian@seu.edu.cn
出版人 宋增民
经销 江苏省新华书店
印刷 中华商务联合印刷有限公司
开本 889mm×1194mm 1/12
印张 16 **字数** 403 千字
版次 2003 年 7 月第 1 版第 1 次印刷
印数 1-3000 册
定价 160.00 元
如有印装质量问题,可向发行科调换
Tel 86-25-3795801

目　录

致　谢

我要对这本书的出版以及对我一生的工作和思想的形成作出贡献的所有人表示深深的谢意。

首先感谢在彼得·沃克/威廉·约翰逊及其合伙人事务所（Peter Walker William Johnson and Partners）中工作的搭档：Bill Johnson，Doug Findlay，Tony Sinkosky，Thomas Leader，David Walker，Jane Williamson，David Meyer 以及 Mia Lehrer，同时感谢以前的搭档 Cathy Blake，Michael Brooks，Martha Schwartz——没有他们，无论是我的工作还是这本书都是不可能完成的。

同时，还要感谢 1984 年以来在彼得·沃克/威廉·约翰逊及其合伙人事务所工作的职员们：

Steven Abrahams，Wolfgang Aichele，Verda Alexandra，Duncan Alford，Tim Baird，Ka-t Bakhu，Arthur Bartenstein，Eva M. Bernhard，Claire Wrenn Bobrow，Charles Brandau，Dixi Carrillo，James Curtis，Andrew Day，Albert DeSilver，Kathryn Drinkhouse，Sara Fairchild，Andreas Flache，Joanna Fong，Philip Frankl，Marta Fry，Charles Gamez，Lisa Ganucheau，Alke Gerdes，Liette Gilbert，Marshall Gold，Elizabeth Gourley，E. Leesa Hager，Jane Hansen，Sandra Franzoia Harris，Tim Harvey，Chester Hill，Roxanne Holt，Kakiko Ide，Christine Jepson，Bruce Jett，Dirk Johnson，Mark Johnson，Kimberlee Jong，David Jung，Martin Kamph，Akshay Kaul，Ken Kawai，Esther Kerkmann，Rhonda Killian，Kazunari Kobayashi，Sonja Kurhanewicz，Grace Kwak，Shelby LaMotte，Patrick Lando，Randy Lein，Jaruvan Li，Quindong Liang，Lynda Lim，Henry Lu，David Madison，Esther Margulies，Anuradha Mathur，Alex Mena，Toru Mitani，Yasuhiko Mitani，Duane Moore，Susan Nettlebeck，Diane Nickelsberg，Makoto Noborisaka，Joseph Nootbaar，Sally Pagliai，Pamela Palmer，Lawrence Reed，Sandra Reed，Martin Rein-Cano，Kerry Ricketts，Dee Rizor，Robert Rombold，Lisa Roth，Gabriel Rustini，Mathew Safly，Yoji Sasaki，Doris Schenk，Kimberli Schumacher，Heidi Siegmund，Paul Sieron，Kenneth Smith，Carol Souza，Kimberlee Stryker，Margaret Stueve，Jane Tesner，Gina Thornton，John Threadgill，Randy Thueme，John Tornes，Nicholas Wessel，Stella Wirk，Christopher Yates 以及 Anna Ybarra，我对他们的工作以及他们所做的贡献，表示深深的谢意。

我还要感谢那些给予我宝贵建议的人们以及我的老师们：斯坦利·怀特，佐佐木英夫，劳伦斯·哈普林以及我长期的挚友同时也是我追随的典范——丹·凯利。同时我还要感谢在哈佛设计研究生院、SWA 事务所、PWWJ 事务所实习的学生们，他们对我的思想有很大的影响。

通过多年的实践，大批的顾客、规划师、建筑师成为了我重要的顾问、同事和朋友，他们鼓励、教育并指导我的工作，我还要感谢 Jerry McCue，Herman Ruth，Pietro Belluschi，Don Knorr，Ernest Kump，Chuck Harris，Art Sweetzer，Don Olsen，Chuck Bassett，Frank Gehry，Bruce Graham，Ray Watson，Art Hedge，Ed Killingsworth，Paul Kennon，Bob Frasca，Jim Freed，Arata Isozaki，Helmut Jahn，Yushio Taniguchi，Paul Krueger，Kunihide Oshinomi，Ricardo Legorreta，Gen Kato 以及 Don Hisaka，我对他们对我的友谊、启发和指导表示深深的感谢。

我以前两个事务所中的成员对我的发展有很重要的作用。我在此郑重地向那时在 SWA 事务所的搭档致谢：Hideo Sasaki，Richard Dober，Stuart Dawson，Ken DeMay，Mas Kinoshita，Kalvin Platt，Ed Kagi，Dick Law，Gary Karner，Gene Rosenburg 以及 George Omi；向 SWA 集团的搭档致谢：Kalvin Platt，Peter Bonet，Michael Gilbert，Ed Kagi，Gary Karner，Dick Law，George Omi，Peter Schneider，Ray Beknap，James Reeves，Tom Adams，Gerry Campbell，Willie Lang，Gene Sage，Terry Savage，Bill Callaway，Danny Powell，Wendy Simon，Loreen Hjort，Kevin Shanley，Mike Sardina，George Kurilko，Roy Imamura，Dirk Myers，John Wong，Ed Morgan，Don Thompkins，Eduardo Santaella，Jim Lee，Duane Neiderman，Susan Whitin，George Hargreaves，Rob Elliott，Dick Thomas，Doug Way，Fred Furuichi，Steve Calhoun，John Exley，Jim Roberts，Jim Culver，Ken Beesmer，Bill Miller，Walt Bemis 以及 Owen Peck。这些公司为我提供了参与二战后环境主义运动的扩张浪潮的机会和经历。

我特别要对出版商 Jim Trulove 对这本书所表现出的持久的热情表示感谢，对耐心而又乐于奉献的编辑里尔·莱威（Leah Levy）的支持和智慧表示感谢，对为这本书设计出悦目版面的多才多艺的莎拉·万斯（Sarah Vance）表示感谢，对那些在过去 40 年记录我的作品的极具天份的园林摄影师表示感谢，尤其是 Gerry Campbell，Allen Ward，David Walker，Pamela Palmer，Dixi Carrillo 以及 Tim Harvey。Jane Williamson，Sandy Harris，Dirk Johnson 不知疲倦地提供了极宝贵的帮助。

最后，我要感谢曾经给我支持和关爱的家庭：我的妻子玛萨、我的儿子 Chris，Peter(JR)，David，Jake，Josie。

彼得·沃克

谨以此书纪念凯特·沃克

IBM 公司索拉纳园区 , *Westlake and Southlake, Texas*

与大地对话：
彼得·沃克的艺术
Dialogue with the Land:
The Art of Peter Walker

里尔·莱威
Leah Levy

当代人工景观的分类一直都很特别地与建筑学有最直接的联系。在这种背景下，园林"设计师"常常沦为建筑师设计的建造物周边或之间的空间规划师，而这些建造物是景观环境中最容易辨识的视觉重心。在当今一些大学中，建筑与风景园林常常共存于相同的院系之中，而园林从早期与农业或园艺学院的联系中脱离出来。然而，论述设计景观与庭园的传统语汇都来自于建筑或园艺。

研究园林设计师彼得·沃克的作品，采用园林与庭园评论的传统标准就会有一定的局限性。尽管沃克的很多优秀作品都注重通过设计创造园林景观的"可视性"（Visibility），他也呼吁园林作为一个独立学科专业领域应该有与视觉艺术、表演艺术、建筑相适应的学科位置与专业地位，但是与其他艺术专业相比，风景园林现存的评论文献仍是十分欠缺的。

沃克的设计风格可以追溯到一些源泉，这些源泉尽管零散，但是在逻辑上相互关联。像秘鲁的纳斯卡巨画（Nazca Lines）和英格兰的石环这些大地上最原型和原初的遗迹，表明了人类标记大地的本能和集体的冲动。在沃克的大部分作品中都不难见到一种与更大环境的交流、对与天地神秘现象相联系的意识与要求的揭示、对巨大自然力的暗示等最基本的人类渴望。作品注重反映自然的神秘，例如通过运用水的声音、石头的凝重、风的侵蚀变化、色彩多变的图案、雾的变化、莫测的光线。

同样，17世纪法国庭园，特别是勒·诺特尔的庭园中的古典秩序是沃克园林设计要素的重要源泉。在他的作品中经常表现出对图案、节奏、秩序以及迪卡尔几何的综合所显示的直觉与智慧。

日本禅宗庭园的影响也很明显。在他设计的许多庭园中，无论是个别的设计要素还是统一的整体都不难找到从复杂中抽象提炼出精华，以达到追求简洁这样一种最基本的设计哲学。

沃克的作品也扎根于现代园林的进步与发展中。作为一名设计师，他一直对同时代的园林设计发展义不容辞地进行阐述与褒扬。[1] 20世纪中期庭园营造者，特别是野口勇等人的作品，使沃克在他成长的时期受到很大的启迪。为了认真地考察沃克园林的成功及其意义，它们在当代文化中的地位，以及他的思想、他的作品与艺术之间的持久不断的对话，为了能在当代文化背景中理解沃克的设计，分析20世纪重要艺术发展也许就是最直接、最有成效的方法。

20世纪早期充满了艺术、科学和文化的变革，为整个20世纪的探索指引了方向。新视野的核心就是视觉艺术中纯粹抽象（pure abstraction）所具有的先锋性，即艺术不再参照或模仿任何真实与具体的景物景象；相反，以其自身的独立和抽象形式，成为一种彻头彻尾的表现与探索工具。隐藏在大多数原创作品中的几何，特别是早期俄国构成主义的几何形体，是一种为了更直接的切入、揭示和描绘人类孜孜以求探索宇宙神秘的努力，也是一种对人们经历过的、但又不可能用传统写实手法解释的现象进行沉思和理解的方式。

平面与立体艺术从再现的束缚中解脱出来，可以像音乐一样自由。例如不需要有意去再造一种特定的、公认的经历，而可以给艺术家和欣赏者一种新的自由，一种超越意识层面的反应。

法国艺术家杜尚的作品是 20 世纪初期这种革新精神的一个典型例子。杜尚抛弃无论是具体的或是抽象的事物的美和意义,将艺术家的活动领域延伸到了一种纯粹精神的、非视觉的艺术,并且为艺术家对艺术定义行使自主权而振臂高呼,拓宽了艺术创作的范畴。通过模糊艺术分类的边界和将不论是非艺术般的物体还是思想都视之为艺术,杜尚为艺术家创造了超越传统绘画和雕塑的新领域,至今仍然被探索并引导着许多艺术实践。

抽象主义以及杜尚概念艺术实践的突破与社会、政治和文化影响一起似乎为 20 世纪中叶逐渐形成的"极简艺术"(minimal art)奠定了具有历史意义的根基。自从 1960 这一重要的年代以来,极简主义(是否是第一个真正的美国艺术仍有争议)已经成为一个使用不严格的、包含很多门类艺术的术语,它被引入文化,指那些非比喻的、无参照的、几何的或仅仅是少而简单的风格。

但是,极简艺术一词的创造是为了说明和区分大约在 1963–1968 年这样一个非常特别的年代,当时一些主要在纽约市从艺的独立艺术家,例如贾迪(Donald Judd)、弗莱文(Dan Flavin)、勒维特(Sol LeWitt)、莫里斯(Robert Morris)和安德烈(Carl Andre)等举办了一个小型作品展。这些艺术家的作品反映了一种与传统艺术相去甚远的哲学思想基础:艺术家的主要意图是创造物体,使这些物体占据空间并且能为也同样占据空间的观者接近地去感受,[2]产生一种"无法复制的交流"(unreproducible communication)。[3]

作为空间物体的素材是极简艺术的主题与内容,必须为观赏者所直接感受和切身经历。为了达到以最直接的方式创造一个原初物体以产生原初经验,极简艺术追求一种还原的方法和结果。

因为艺术的"内容"是物品和环境与观者的关系,这些作品几乎常常不被认为是"形式主义的":尽管它们有明确的形体(大小、形状、色彩),但是必须环绕它们、穿越它们、贴近它们、身处其中以获取真实的感受才能很好地读懂它们。在这些作品一系列开放性的形式特性之中包括:使用简单和几何形状、物体的重复与整体放置、现代材料和工业制作、三维性(尽管不想被视为雕塑)、原色、直接将艺术品放在地面上、依墙而立、不用支架或图框、与空间直接联系等等。

无论是在艺术画廊中的所谓"白色立方体"展室中还是在室外环境中,这一极简艺术时期作品的另一个重要特征是这些作品被放置和观赏的空间。假如它们意味着揭示了艺术品、人体和所涉及的空间的具象和现象关系,那么所有这些要素的相对尺度与规模通常会得到很好的考虑与安排。

尽管具有典型的极简艺术家作品中展现出的对形式美的敏锐性,沃克的设计似乎也与 20 世纪其他艺术家群体有着同样重要的联系。这些艺术家的作品都有可以包含在极简主义一词之下统一的形式、抽象的外貌,但是他们的艺术创作却有十分不同的哲学前提。诸如莱因哈特(Ad Reinhardt)、马丁(Agnes Martin)、瑞曼(Robert Ryman)、曼戈尔德(Robert Mangold)、凯利(Ellsworth Kelly)、迪多纳(Porfirio DiDonna)、克莱恩(Yves Klein)、约翰斯(Jasper Johns)和埃尔文(Robert Irwin)等画家与艺术品制作家们在他们各自不同的抽象性中添加了一些潜意识的意义。在部分这些作品中,节奏与重复模式更多涉及到有机物的系统和诗的韵律(例如潮汐、心脏跳动、仪式的往复性质)而不是冷漠和规律的机械性。

与当代艺术理论和实践相关的另一个艺术领域涉及来自众多不同背景的项目，这些项目建于室外，通常被称为大地艺术。尽管这些共同的名称描述了艺术家的作品，用室外空间作为一种大型、连续的非商业环境，而不用与"自然"建立必然的或具体的关系。例如史密森(Robert Smithson)的"螺旋防波堤"、德·玛利亚(Walter de Maria)的大地处理、海泽(Michael Heizer)的大地与岩石作品、奥本海姆(Dennis Oppenheim)和莫里斯的作品；他们也渗透了那些有意识地表达人类与环境关系，或者有时为自然与诗文关系的一批艺术家，例如戈滋华斯(Andy Goldsworthy)的冰环和纤细的枝网、图瑞尔(James Turrell)的改建火山口用作天象观察、霍尔特(Nancy Holt)的阳光通道、芬利(Ian Hamilton Finley)的传统庭园建设、弗莱希纳(Richard Fleischner)的雕塑景观等。[4]

这些艺术家及其他流派艺术家的艺术关注同样也体现在强调公共和城市景观的规模与意图的一些作品以及与建筑相关的设计与装置之中，前者如阿玛亚尼 (Siah Armajani)、霍利斯(Doug Hollis)、林璎(Maya Lin)、塞拉(Richard Serra)、艾科克(Alice Aycock)、克里斯托(Christo)，后者如贾德的建筑、爱尔兰德(David Ireland)的住宅和墙体、玛塔-克拉克(Gordon Matta-Clark)的建筑元素片段和伯顿(Scott Burden)的家具，其中部分作品对错综复杂的现代视野和意图进行了评论，另一些作品则承认其源泉来自于最原始的冲动，例如成排置放岩石、水的倾泻、确信并探索神秘而难以捉摸的自然光线。

彼得·沃克的作品是运动与风格的混合体，是对汇集20世纪及他试图揭示的那个年代艺术基本特征的探索。站在他自己独特的视野和高度上，沃克以艺术的亲和性整合出大量的作品。这些作品难以用现有的分类或学科来"归类"，因此，我们采用了沃克自己惯用的术语"园林设计师"(landscape designer)。他的作品与极简主义相联系，并不是因为它能再造或复制在艺术思想史中拥有自己的形象和创造自己的艺术品这样重要的阶段，而是因为极简主义的视觉精神语汇与他自己独有的视野相互参照与结合。

除了十分沉迷于对抽象、系列和几何作为获得自然本身或通过自然得到启示的手段所具有的价值外，沃克也同样认识到当代艺术运动的潜在特征，将实用和政治目标作为园林设计的"文脉"。极简艺术和大地艺术独立对象的产生使得客体/景观直观化，阐明了状态与空间，拓展了解释他在大地上进行设计的语汇与范畴。尽管总是接受优美的事物，沃克也会使用幽默、批评、颠覆、一语双关、对话、合作与诗情画意。在像沃克实践这样的园林设计的特征之中，一方面可能避免个人的、专业的、艺术的标记，另一方面可能改变我们在这个世界上感受和生活的方式，最终改变我们构筑的星球的目标。

早期作品：1957—1977

福特希尔学院
Foothill College

惠好公司总部
Weyerhauser Headquarters

协和音乐台
Concord Pavilion

IBM 公司圣塔·特莱莎园区
IBM Santa Teresa

悉尼·沃顿公园
Sydney Walton Park

福特希尔学院, *Los Altos Hills, California*

（上）协和音乐台，*Concord, California*

（左）惠好公司总部，*Tacoma, Washington*

IBM 公司圣塔·特莱莎园区 , *Santa Teresa, California*

悉尼·沃顿公园, *San Francisco, California*

园林中的古典主义、现代主义和极简主义
Classicism, Modernism, and Minimalism in the Landscape

彼得·沃克
Peter Walker

如同研究古希腊和它的延续和复兴，罗马一样，古典主义者逐字逐句地给古典主义下了定义。不同时代的艺术史学家、艺术家和建筑师都会修正甚至进一步地定义古典主义以适应于特定的时代。古典主义被标记为各种分支，并且不同时代褒贬不一（例如：古典主义的复兴，新古典主义等），在绘画、雕塑、音乐、文学、建筑学里都有不同的秘传的解释。

然而，关于古典主义理想的一些内在特性，如纯净、清晰、人性的表达、源于自然、由技艺或技术产生的表现力等，大家似乎达成了一种共识。通过这些更广泛的定义也许更容易理解要确认一件作品或一段时期是否古典，它必须具备某一特定的精神特性。

现代主义现在或曾经是否是一种经典运动仍有争论。很明显，早期的现代主义者就是这么想的。在1923年的《走向新建筑》一书中，勒·柯布西耶将早期伟大的工程作品桥梁和海轮与希腊神庙相比较。除了他对浪漫视觉感受的兴趣，我很难了解同一时期的密斯·凡·德·罗，甚至于他的精简态度并不仅是结构功能主义的考虑。理想的美感似乎总是超越对简单化的需求。甚至这位现代主义者的纲领"少就是多"只有在理想状态下才会实质地被接受。路易·康也是，在他追求的"它想成为什么"（what it wants to be）和他对光线运动的激情像是古典主义，虽然在他的作品中的体量感增加了罗马风格的意味。

现代园林中的古典主义可能是一条较不容易辨识的路线。可以公正的说20世纪的现代主义本身在庭园设计上没有像建筑设计那样得到全面的认识。然而，我认为庭园进入现代比19世纪后期和20世纪的建筑早得多，包括传统的日本庭园和17世纪法国造园家勒·诺特尔的规则式园林，不仅仅是古典主义的真正精髓，也是现代主义的开端。

除了文字或图例之外，很难找到经典的希腊或罗马庭园实例。相对于建筑的古典柱式而言，庭园似乎没有形式或风格定论。这并不是说庭园中不存在大家公认的专业语汇。轴线、小径、树丛、盆地、沟渠、露台、小路、花坛、草地和种植床与建筑要素一起成为古典主义和后来庭园大部分的要素。

同样明确的是庭园被客观地看做为一种要素这一点，虽然总是作为建筑的一部分，由建筑、柱廊或墙体所限定。不是很明白的是在古典主义时期，一般自然环境被看做是与人工庭园或农场或农田相分离的，这些自然环境必须比今天的庭园更加仔细地经常养护。

与学术研究、实践和教学等事业循序渐进的发展不同，我通过直觉的观察，学会了大部分有关造园的知识。作为一个在20世纪50年代成长的第二代现代主义者，我与同时期的其他设计师一样，没有对建筑史作深入的了解，因为我们的教授，包括格罗庇乌斯和吉迪翁及其追随者们，并没有把从他们老师那里学到的全部的历史信息告知我们，因此，也没有给予我们去选择自己时代理想的机会。因此我就很缺乏历史知识与观点，与一百多年前的专业教育要求差得很远。例如柯布西耶的思想，像建筑的形式生成于内部，产生于平面和功能分析，以及他的空间与建筑的思想都没有引起争论，尽管它们存在明显的局限性。直到最近关于现代主义的争论或理论上的完善都十分稀少，使得现代主义的正统思想与那些也许应该抛弃的思想混杂在一起。大多数对现代主义的批评和

抨击来自于后现代主义者。

抽象去除了现代主义作品中大多数的表现和描述成分，对本原的关注已经普遍从"国际主义"的思想中消失了。社会、民主以及经济目的基本上取代了隐喻，但是如何与使用者完成对话还不清楚。没有这种对话，或者甚至缺乏共同语言，这种"民主设计"对我来说可能仍然是一个问题。

我自己的工作是以两个主题展开的探索。第一个是建筑形式的延伸为建筑创建一个基础环境；第二个主题则是这种环境与周围现存的风景的过渡。

作为一个现代主义者，直到20世纪70年代，我才渐渐注意到在我作品中与日俱增对如画般的追求，这与我过去收藏的20世纪60年代的极简主义艺术品形成极其明显的对照。对我来说这些艺术品反映和延伸了我心目中的英雄主义的作品——早期的现代主义建筑师，特别是密斯，路易·康，和20世纪50年代洛杉矶一批重视案例研究的建筑师。

20世纪60年代斯特拉(Frank Stella)、安德烈、勒维特、贾德、弗莱文以及莫里斯等艺术家的作品对我来说再次从艺术上肯定并复苏了简朴性、形式的力量和清晰性，它们是我迈入现代主义所受教育中最好的部分。在这些早期的岁月里，虽然我已熟悉了柯布西耶对希腊庙宇和远洋海轮的比较，但是我并没有把任何历史悠久的古典主义与现代主义运动联系起来。毕竟，那时历史被视为现代主义的仇敌。

我所感兴趣的是：建立一个既有理论性又有体验性的古典与现代相结合的园林设计理论，此间，我发现了欧洲园林贯穿古典时期的两条主线。第一条是乡村农业发展从村庄和城市的中心扩展开来。这些是整个19世纪早期那些重要的人物，如鲁登(John Loudon)和杰弗逊(Thomas Jefferson)等写作和批评的主题。19世纪早期建筑和肖像画的背景从自然景色转向农业。进入20世纪的英美造园开始关注农业问题，这些关注包括对美学的考虑。

贾德，混凝土的永久装置作品，1981—1984，支那提基金 (Chinati Foundation)，德克萨斯州玛法(Marfa)

另一条发展主线是建筑学的延伸。从15世纪开始，这些室外空间大多数是由建筑师在园艺师的帮助下完成的。他们通常采用房间、平台、楼梯和装饰物等形式和建筑风格的石材、铺地以及像石头般处理的规整修剪的植物做装饰。直到18世纪英、法的公园运动，这两种思潮，建筑和园艺才走到了一起。但是在这一点上风景园战胜了过去300多年占统治地位的规则式、几何式园林。不过对没有受过专业教育的人而言，它们并不是艺术而只是代表自然本身。

这种如画般的风景园运动掩盖了一些伟大的城堡庭园，特别是勒·诺特尔的庭园。人们曾经认为英国庭园更表现了现代主义，因为它们表现了"自然"。奥姆斯特德就是这种思想的代表，认为它可以"医治"工业城市的弊病。麦克哈格在他对法国和文艺复兴时期庭园的抨击中也引用了这一主张。然而，探索法国庭园可能是一条更加经典的路线，因为它们清晰的表达了扎根于12、13世纪的农业文明的最高形式。重新发展的法国(包括后来的英国)农业景观是通过教堂的管理技术完成的，在它的努力下通过乡村的农牧业来提供资金和建造大教堂。这些能从勒·诺特尔的作品中清楚的看见，灌木篱墙、小树林、低地排水用的池塘和那种完全几何化的法国田园式乡村风光。它们当然也和那些更加浪漫的如画庭园一样以古典主义的方式表现了自然。

在亚洲,庭园被认为是一种从建筑或是农业中分离开来的艺术形式,在重要性和独立性上与绘画、雕塑、音乐和诗歌等艺术形式相提并论,形成了一种形式语言和丰富多样的表现形式。这些庭园的营建和精雕细琢在很多方面和西方古典建筑相类似。

尽管人们只能看到很少的杰作,这些作品对诸如结构主义或超现实主义等不同的艺术风格或它们的结合进行了形式探索,但是,现代主义已经形成了一套较明确的园林理论体系。

除了20世纪20年代短暂的法国庭园运动以外,风格派、包豪斯和现代建筑国际协会(CIAM)都没有以基本的或主要的方式强调园林设计。他们通常将开放空间和自然看做是有一定大小的、用以布置建筑物的"空旷"之地,而不是视为客观的定性的设计要素。这种开放空间被认为与现代画廊或博物馆的白色方盒子功能相类似,只是作为一个中性环境。这一时期的大多数建筑师有一种相当罗曼蒂克的看法,把景观作为一种原生的自然或是"软"环境。早期的现代主义建筑师进入园林设计领域首先是在英国,但是更重要的是在美国20世纪30年代的晚期,当时现代主义运动的一些领头人逃离德国和欧洲的其他国家开始在美国的大学里教书。

贾德,花棚架,支那提基金,德克萨斯州玛法

我在这最近20年的工作是尝试着将我所理解的古典主义、欧洲和亚洲庭园中的形式主义和现代主义的脉络联系起来,当然也包括晚期现代主义和20世纪中叶的极简主义。尝试的结果是我所思考的极简主义在园林中的运用。

园林中的极简主义

与20世纪60年代参加运动的某一类艺术家相关的艺术界所争论的特殊性不同,园林中的极简主义对我来说代表了对早期现代主义者理性分析的再度关注,这与古典主义精神有很多相似之处。正是这种形式上的创新和对原始纯净及人文含义的追寻表明了它的精神力量:将一种对神秘和无指代性内容的关注与古典主义思潮的探索联系起来。

伴随着古典主义的术语和理念,极简主义进入到我们快速前进的社会中,并被不断变化的艺术和文化学科进一步界定和重新界定。在这样的大背景下,极简主义继续暗示了一种方式:拒绝任何试图用智力的、技术的或是工业的方式战胜自然的力量,而建议用一种概念性的次序和改变自然系统的现实,通过几何、叙述、节奏、姿态等手段,使空间产生一种存在于记忆中的独特的场所感。

尽管我使用极简主义一词有着更广阔的范围,对典型的极简主义艺术家的研究与学习是很有启发的。贾德强调极简主义首先并且最终是对客观事物的表现,其重点在于物本身,而不是它周围的环境背景和解释。极简主义不是参照性的或表现性的艺术,尽管一些观者不可避免的会带有他们自己的历史或理想的眼光。在相互关系上,尽管极简主义园林存在于一个较大的环境背景中,尽管它可能运用中断或联系的手法使人们可以看见设计的"物"之外更大的景观,但是它的重点仍然是在被设计的园林景观本身,在它自身的活力和空间之中。尺度,无论对于外部环境背景和内在空间经历都是十分重要的。并且对于极简主义艺术而言,极简主义园林不必是或本质上是还原主义(reductivist)的,虽然这些作品经常采用最少的元素和象征简洁的率直。

有了这些必要的条件,极简主义为园林开辟了一条值得探索的路线,它能启发和引导我们度过我们这个时代一些困难的过渡时期:在我们这个机器辅助的现代生活中,简单化或丧失技艺,从传统的自然材料到人工合成材料的过渡,在空间和时间上从人性化尺度扩张到更大尺度。在这种背景条件下,极简主义提出了一条艺术上的成功方法,以解决我们当前所面对的两个最重要的环境问题:浪费渐增和资源萎缩。

园林中的极简主义探索现在看起来非常及时。在被人们称为后现代主义时代中的园林、建筑、城市设计的发展对现代主义设计的合理性提出质疑,这多少带有某些复归古典主义的偏好。在该领域许多最近的作品和思潮一方面注重形式和装饰的问题,另一方面也注重社会和功能的问题。作为视觉艺术高度现代主义的最后一个阶段,极简主义本身当然与古典主义有着引人注目的密切联系。不只是注重设计和功能相互排斥的问题,极简主义引导对抽象和本质的检验,这些古典主义和现代主义设计的共有的品质。

安德烈,铅-镁"平原",1969,
纽约保拉·库柏画廊(Paula Cooper Gallery)(照片授权)

回忆起在 1911 年第一次世界大战之前,年轻的勒·柯布西耶穿越中东和地中海大地的旅程是件有趣的事,他徜徉于土耳其的清真寺、拜占庭寺院和保加利亚的民宅中,因为其中充满某一种特性,特别是宁静、光线和简朴的形式。然而,在雅典卫城,他却又为帕提农神庙这一"无可争辩的杰作"所折服和敬畏,后来他解释为一种形式的提炼,一件无法超越的标准产品。当不能再削减时,他确定,这一时刻到来了,这是一个完美的瞬间,一个对经典的定义。当我在 20 世纪 70 年代参观勒·诺特尔设计的一个特别的庭园时我也有类似的感受。查提利府邸庭园(Chantilly),一个由石头、水、空间、光线组成的伟大庭园,也是一个极好的例子:形式削减到体现它本质的美。无论当时还是现在,查提利府邸庭园使我无法忘记对它的古典与极简气质的认识。

作为在美国环境设计处在现代主义高度发展阶段成长起来的一名园林设计师,这些思想是我个人探索征程发展的一个写照。这些思考由于庭园、风景、其他设计、艺术家以及独到的见解与思想调养而丰富;它们形成了我的认识,并且使我走上了这条探索之路。它们为设计师创造环境提供了方法,这在当今社会发展条件下似乎是特别的需要,因为这种环境是平静、整齐的,同时仍然不乏表现力和意义。在今天这样精神贫乏、过度拥塞与缺乏维护而日益混乱的地球家园中,除可供人们探索、休憩与拥有私密性的生活空间,我们更加需要在建成环境中包含人们聚居、交往的场所。

艺术不是一个庭园

我从一个艺术鉴赏者转变到在我的园林作品中以一种整体思想关注艺术是一个循序渐进的过程。起初我是一个收集者,我出没于画廊中,贪婪地阅读书籍、艺术杂志、分类广告目录,特别是关于极简主义的。我想我的兴趣并不带有专业的目的和交叉学科的思想,有的只是对艺术的美与涵义以及对它所产生的视觉和智慧活力的好奇。

安德烈，切割线，纽约罗斯林(Roslyn)，1977，
纽约保拉·库柏画廊(照片授权)

几年之后，我记得注意到斯特拉的早期极简条纹画中具有我所认为的园林思想：这些内在的图案设计如何能产生出一种二维绘画的形状，除去图框，减少被理解为一个抽象作品的可能性。这就像一个没有围墙的庭园，既能存在于一个空间背景中，同时也是一个相对独立的景物。

而后，安德烈的金属地板拼块开始对我而言似乎就是庭园的典型化身：所有平坦的地平面，几乎没有三维，仍然完全地控制着上部"虚空"空间的特征和性质。这些使我回忆起沙漠贝都因人的波斯地毯，可移动的、理想的、私密的庭园。安德烈1973年的一个作品，144根木块和石头，通过这种阅读产生特别动感。在装置作品中，画廊的所有的墙(阅读建筑)都是空的，地板(阅读园林)变成一种神秘复杂的图腾或游戏。材料是简陋的、甚至是平淡的，但结果却十分引人注目，我体验到了一次艺术的神秘灵魂和庭园之间的强烈碰撞。

而安德烈的另一个作品，切割线(Secant，1977年)，置于一片普通的草地上。这块草地有着自然的美丽，但与在它周围成千上万块草地相比几乎没什么不同。通过安德烈简单而又深刻地放置了一系列切割过的木料，这块草地变成了一个产生和需要有意识和无意识记忆的场所。

用类似的方法，克里斯托的流动围栏(Running Fence，1972—1976年)架设于加州的马林县(Marin)和索诺马县(Sonoma)境内一片景色普通、连绵起伏、西向太平洋的小山上，活跃了风景，形成了一种浓郁的庆祝氛围。我成长并长期生活在与这些同样的海滩小山中，与我所经历过的其他任何环境景观相比，我了解它们要多得多，也好得多。然而在此之前我从来没有以这种方式去观看它们，或是这么强烈地感受它们中的一部分。那样一串串丝织般的白布对自然景观能形成如此大的改观真令人惊讶。而且在那一刻，我能明白作为一个观者我的反应和兴奋与作为一名园林设计师的我所想的或做的任何事之间并没有直接的联系。

随着时间的推移，越来越多的艺术作品增强和扩展了我对园林和艺术之间结合可能性的认识，我终于发现自己已不满足于仅仅收集艺术作品。随着20世纪70年代末期的一个夏季对法国庭园的考察，伟大的经典规整庭园、极简主义艺术、我本人对风景园林的见解这三方面的融合终于有了结果。我开始试着以一种新的方式去造园。最初的成果完全是尝试性的。很明显，简单移植受画廊和场地艺术作品启发的思想本身就不是一种成功的策略，这种做法也不会成为风景园林的新方向，而必须考虑园林所必须包含的其他自然要素。

虽然客观化的概念是有帮助的，例如揭示含义的思想不能孤立于其他迫切的考虑。但是，园林中可见的物体和形式系统与大环境之间有着强烈的对比，它不仅包括一个特定的场地和它周围的环境，还包括更广泛的自然有机节奏：太阳和月亮升落、季节光线的变换和气候的交替，特别是自然的剧变以及出生、生长和消亡等更随机的特征。这种自然与即使是最简单的引入或放置物体之间的复杂关系放大和混合了在大地上构思作品所需要的期望和许可，使时间成为与场地一样重要的因素。

然而这种思想的现实性是十分明显的,尽管对于那时的我来讲,它的清晰程度是陌生的。可是在当代园林设计领域里,时间的元素和不可断定的真实性往往没有受到重视,因为三个所谓理性的原因:首先,一种科技的趋势仍占据统治地位,想要肢解、战胜和控制而不是颂扬自然。再者,在我们想提供"专家"服务的愿望之中一种无能或不情愿去处理自然的复杂性和变化性的思想仍然存在(在我们的价值系统中,预见性占据了太高地位)。第三,过分强调细部与特定的项目,而人们对这些项目之中所体现的现代主义建筑思想的认同是有疑问的。

如果"形式跟随功能",那么分析功能,使形式适应它就成为首要的事。那么,形式就仅仅表达和显示功能而不顾任何其他更高的理想作为衡量设计目标满意程度的尺度。在结合自然的设计中采用越直觉、艺术的方式,从根本上讲就越显示出共性和普遍性,这种普遍性揭示了人类物质活动和不断变化的开放空间之间的互动关系所具有的奇妙特征和前景。

我对园林理论与实践两方面考虑的真正问题在于园林中并不缺乏丰富的核心理论,但是如何选择它们以创造一种有用的、含义丰富的、优美的,甚至是神秘、神圣的园林景观仍没有得到解决。

当代园林设计师未能实现极简主义思想艺术与自然开放空间的结合,但却开创一条有趣的、富有挑战性的探索与实验之路。用这种方式看待问题,那么,解决公众领域的方方面面(包括荒弃的土地、街道、停车场和屋顶以及更加传统的花园、公园、和广场)是一种启示。它为我们重新审视城市和郊区,新与旧,提供了基础。

可见性

要被看见,我认为一个物体必须或至少是部分地要被看见,无论是从它内部或就它本身而言。如果景物大部分从属于环境,或者他与环境的某些现有形式相混合而难以区分,那么这一设计的表现力,意义的传达或叙述以及给人的印象就会比较弱。如果不能在周边其他艺术形式之中独立出来,即使用再多的装饰也不能引起人们有意识的注意。

现代社会是支离破碎和商业化的。园林景观被视为是开放的、空洞的,并且许多现代城市空间是剩余的、在边缘的、被忽视的。纪念的象征已经衰退。自然的、历史的、遥远的印象正快速地取代了真实的户外体验。那么在这种条件下取得可见性的可能方法是什么呢?

物质上的和经验上的支离破碎,都将会击垮一个人对自然秩序的感受。溪流被阻断并引入管道;山丘和山峰被切割、挖空和造成视觉污染;人行步道也被弄得断断续续;高大的建筑物和空气污染阻碍了人们观看海景甚至蓝天的自然视线。诸如洛杉矶盆地、曼哈顿岛、波士顿的查尔斯河等独特的自然景观地带,在视觉上已经被人们建造的道路、高速公路、建筑物和某些情况下的人造景观所削弱。

在这些转变的下面隐藏的是秩序感、宁静、视觉空间的消失,是对前人在大山、平原、湖泊、河流、海洋、农田、村庄和小城镇中业已建立的稳定感的破坏。在所有的这些状况下,空间秩序与更大的自然相关联,而这种关联是对以地球作为一个整体关系的复制。

如果简单的秩序本身与破碎、排斥和不连续形成强烈对照,那么还原和中心的价值就为我们的文化指引了方向。对于许多极简主义艺术和传统规则式庭园而言十分常见的秩序手法,例如序列、重复、几何(特别是由线条和点组成的方格网)、空间的扩展、线性的姿态以及边缘和中心的视觉探索,包括无论是对称还是不对称的均衡。质感与模式、尺度与色彩对比以及人工与自然、有机与无机的探索也都是在此背景下走向秩序的道路。在以上的手法中还可以添加纪念、叙述和符号。我们需要回过头来分析最本质的视觉特征,其最终目的就是为了营造神秘而不是讥讽。

作为艺术的园林

较之于室内空间,开放空间对于市民的、文化的和现代社会生活是同样的,或可能是更加重要的。与任何建筑立面或其他建筑形式和要素一样,园林景观能很好地表现纪念性和神秘性。公共开放空间仅为功能而建,例如填满了确定的但缺乏艺术性的道路、停车场和服务空间,它传递的是冷漠丑陋的信息,因此践踏了现代主义的希望达到了令现代主义感到实际上已失败的程度。大部分的失败存在于场地规划和开放空间区域,城市和城镇的公共领域。

古典建筑的一个主题是:重新回到自然,在创造、阐释、表达这些主体的过程中寻找古典主义的思想,并把它们融合进空前壮大与丰富的文化中。那么一个人如何能在一种艺术形式中构思类似的主题,而这种艺术形式本身又主要存在于自然之中呢?我认为答案在于可以从两个方面看待自然:野生的和驯化的。

野生自然和开放空间从来都不是像古典主义建筑所暗示的那样稳定或持久的。因此,建筑对景观可能是一种拙劣的模仿。音乐,尽管经常用以描写风景,但太短暂了,虽然人们能用音乐描述空间(例如约翰·凯奇(John Cage)的作品),但它不像开放空间那样有实际的可居住性。开放空间是一种非常复杂的影响介质,作为主体它有着日常、季相、成熟周期的不断的复杂变化,也因声音、气味、温度、降水等因素变得复杂。在所有的艺术中,它几乎可以与人类生活的复杂性相媲美。

不断变幻的自然造就了一种独特的艺术形式,独一无二并区别于其他艺术形式。现行的标准仍处于开创阶段,仍需发展、扩充、对话、仍有新的可能性、方向和希望。

有许多问题要考虑:它是不是太野了?现代园林(自然或城市中的)作为一种艺术形式的背景或内容,能真正被充分掌握吗?在现代生活的纷杂中,园林的概念有足够的控制力吗?换句话说,它是否意味着我们已得到我们寻找的最终目标了?我感到它们能够,并且已有通向成功的先例,例如巴拉甘、野口勇、马尔克斯、丹·凯利、劳伦斯·哈普林等我们这个时代伟大的园林设计师们的作品。对我而言,极简主义是一条探索之路,它指引我们去拓宽我们文化所期待的解决问题的思想与方法。

朗(Richard Long),火山岩石环,1988,
支那提基金,德克萨斯州玛法

IBM 公司索拉纳园区, *Westlake and Southlake, Texas*

极简主义庭园：代表作品

马尔伯勒街屋顶花园
Marlborough Street Roof Garden

轮胎糖果庭园
Necco Garden

剑桥中心屋顶花园
Cambridge Center Roof Garden

伯纳特公园
Burnett Park

谭纳喷泉
Tanner Fountain

IBM 公司克利尔湖园区
IBM Clearlake

马尔伯勒街屋顶花园

轮胎糖果庭园

剑桥中心屋顶花园

伯纳特公园

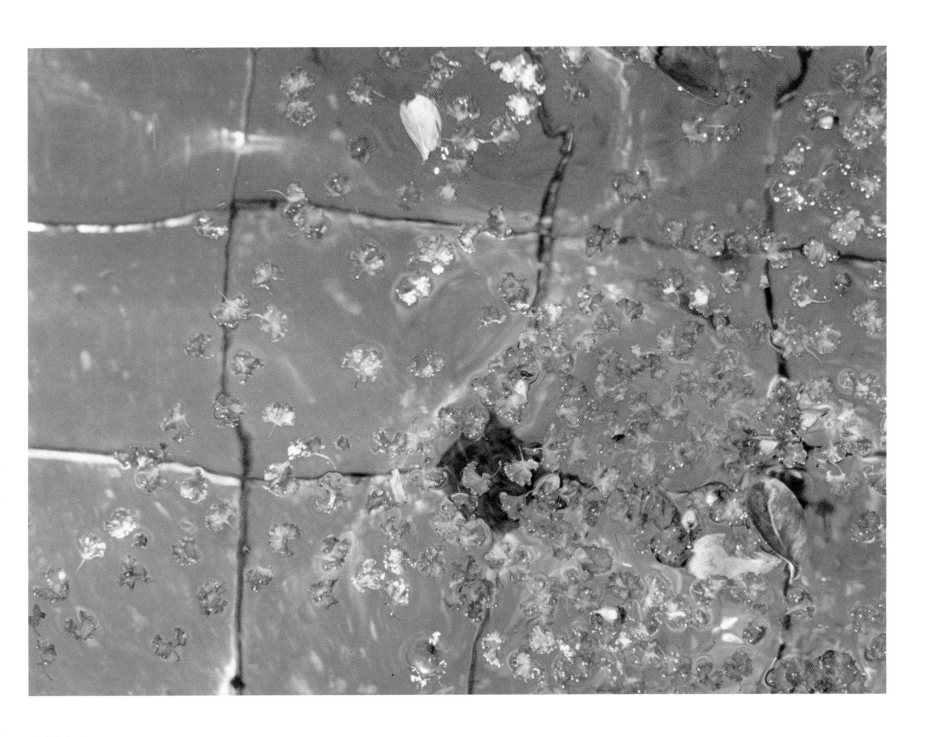

伯纳特公园

谭纳喷泉

谭纳喷泉

谭纳喷泉

IBM 公司克利尔湖园区

IBM 公司克利尔湖园区

IBM 公司索拉纳园区
IBM Solana

高级生物医学研究所
Institute for Advanced Biomedical Research

赫尔曼·米勒公司
Herman Miller, Inc.

IBM 公司索拉纳园区

IBM 公司索拉纳园区

IBM 公司索拉纳园区

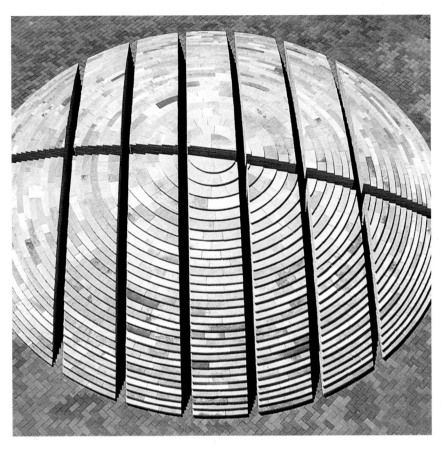

高级生物医学研究所

赫尔曼·米勒公司

阿亚拉三角地
Ayala Triangle

广场大厦和城镇中心公园
Plaza Tower and Town Center Park

日本幕张 IBM 公司大楼
IBM Japan Makuhari Building

凯宾斯基宾馆
Hotel Kempinski

阿亚拉三角地

广场大厦和城镇中心公园

日本幕张 IBM 公司大楼

日本幕张 IBM 公司大楼

凯宾斯基宾馆

凯宾斯基宾馆

丸龟火车站广场
Marugame Station Plaza

欧罗巴-豪斯
Europa–Haus

加州大学圣迪亚哥分校图书馆步行道
University of California at San Diego Library Walk

丸龟火车站广场

丸龟火车站广场

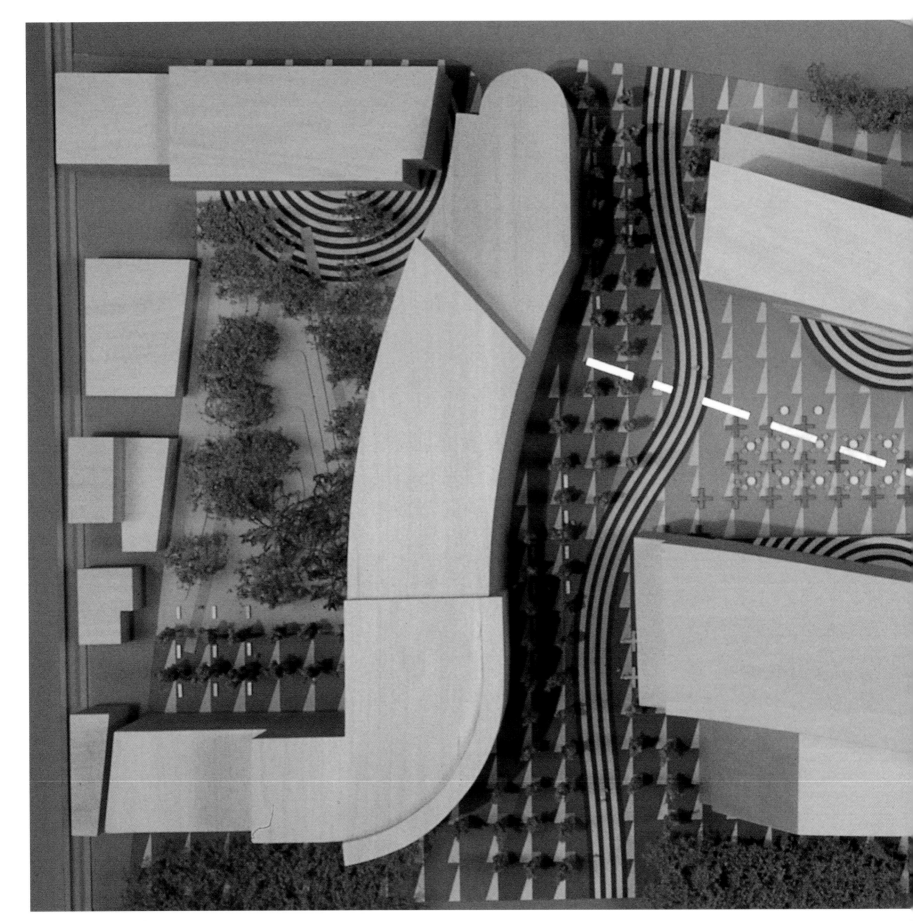

加州大学圣迪亚哥分校图书馆步行道

丰田市艺术博物馆
Toyota Municipal Museum of Art

播摩科学花园城
Harima Science Garden City

高级科学技术中心
Center for the Advanced Science and Technology

丰田市艺术博物馆

丰田市艺术博物馆

播摩科学花园城

高级科学技术中心

21 世纪大楼和广场
21st Century Tower and Plaza

大山训练中心
Oyama Training Center

柏林索尼中心
Sony Center Berlin

崎玉空中森林广场
Saitama Sky Forest Plaza

大山训练中心

柏林索尼中心

崎玉空中森林广场

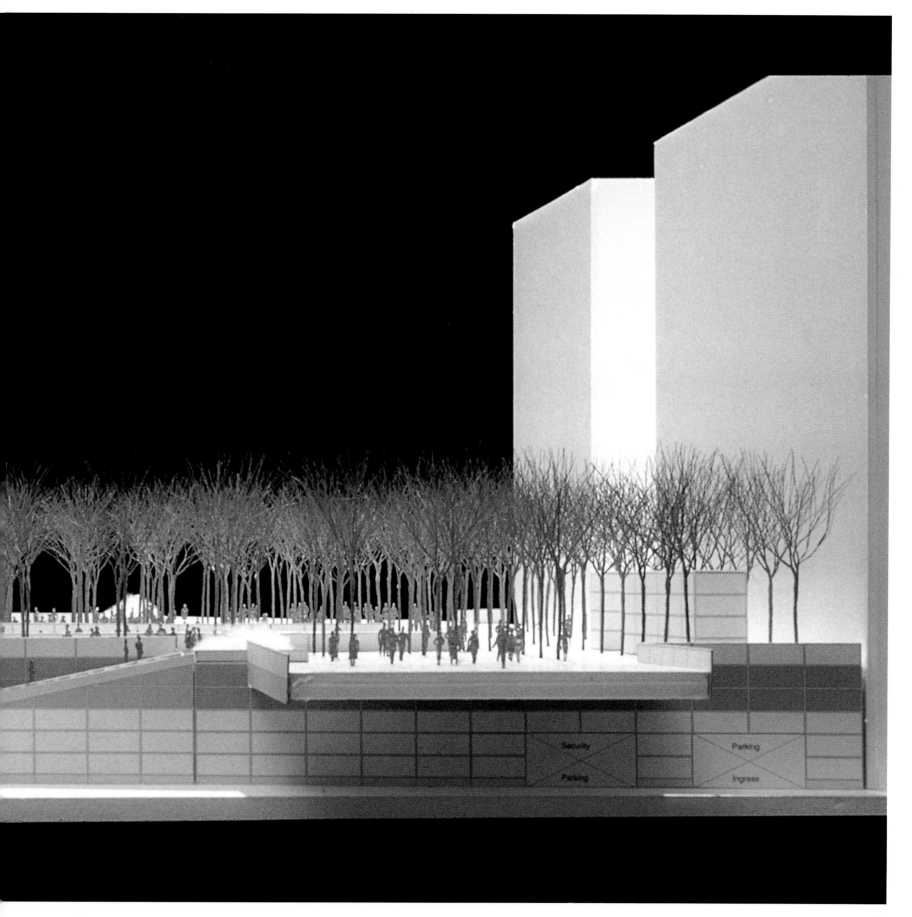

Security

Parking

Parking

Ingress

崎玉空中森林广场

作品简介

马尔伯勒街屋顶花园
Marlborough Street Roof Garden

地点: Boston, Massachusetts
园林设计师: Peter Walker and Martha Schwartz with John Wong
完成日期: 1979

彼得·沃克和玛莎·施瓦兹于1979年建成了马尔伯勒街190号的屋顶庭园,以近乎滑稽模仿的手法创造了一个装置庭园,把古典的勒·诺特尔形式主义与当代的材料和效果结合起来。庭园由各不相同的3个部分组成:一组规整排列的空花盆,一组镶嵌在彩色砾石地面上映出天空的方镜,和一个铺了人造草皮的"生活"区。屋顶庭园在波士顿的旧屋顶之间创造出一种新空间。夜晚,刷白的天窗成了彩色的灯标。这个波普超现实主义的庭园融合了极简主义的序列特征,拓展了造园的可能方式。

轮胎糖果庭园
Necco Garden

地点: Cambridge, Massachusetts; temporary installation at the Massachusetts Institute of Technology
园林设计师: Peter Walker and Martha Schwartz
临时安装: 1980

彼得·沃克和玛莎·施瓦兹受校园艺术画廊的委托,在麻省理工学院创造一个临时庭园作为"五一"节庆祝活动的一部分。他们选择了当地普普通通的淡色尼克糖果和涂了淡颜色的轮胎作为材料。在一块长550英尺(1英尺=0.254米)宽350英尺的草地上,布置了斜交的两个网格。庭园形象令人感到滑稽可笑,同许多观众有关艺术或庭园的观念背道而驰。这种尝试使得艺术创作与庭园建造之间的区分模糊了,使得装点大地的传统和革新方法之间的区分也模糊了。

与后湾的窗户相呼应的镜面布置

入口楼梯和人工草坪

面向查尔斯河景,位于"大空间"中的庭园

人工草坪

像灯笼一样从下部发光的天窗

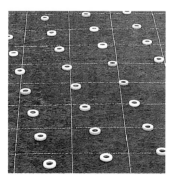

涂漆轮胎和尼克糖组成的格网

剑桥中心屋顶花园
Cambridge Center Roof Garden

地点: *Cambridge, Massachusetts*
建筑师: *Moshe Safdie and Associates*
园林设计师: *Peter Walker with*
The SWA Group
完成日期: *1979*

剑桥中心屋顶花园的设计精心安排了各种平面和图案相互融合的实验。在轻型材料的技术帮助下,表达了作者的艺术趣味。屋顶花园位于一幢停车库的屋顶上。沃克在一片紫灰砾石地上创造出一个超现实主义的种植坛带。一大片天蓝色的菱形混凝土块覆盖了庭园的一个主要部分,而低矮曲折的绿篱像规整的迷宫一样占据着庭园另一个重要部分。立体主义雕塑般的白色金属管构筑物就像棚架或"树木"那样散布在庭园各处,以它们垂直的形式和细致的、自我包容的内部进一步激发庭园的动感。

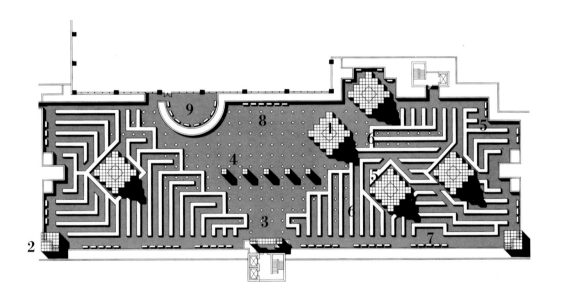

1 花架
2 凉亭
3 拱门
4 柱
5 藤蔓种植坛
6 灌木种植坛
7 碎石铺地
8 混凝土预制块
9 咖啡台

0 — 60 feet

常绿灌木与砾石"迷宫"

砾石、混凝土小方块和金属"树林"

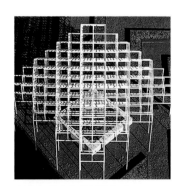

钢构架形成的"树林"俯瞰

伯纳特公园
Burnett Park

地点: *Fort Worth, Texas*
委托人: *Charles Tandy Foundation*
园林设计师: *Peter Walker with The SWA Group*
完成日期: *1983*

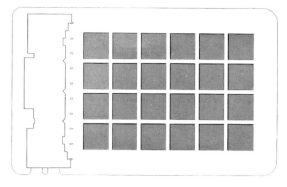

正方形网格

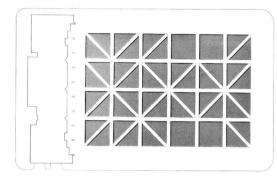

部分对角线网

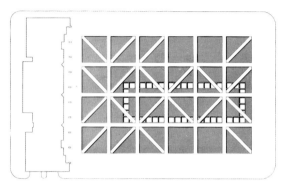

降低的水池层

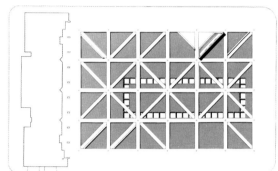

带有马蒂斯浮雕墙和斜角布置的坐凳矮墙的入口

1 花岗岩步道
2 水池
3 马蒂斯"背"浮雕
4 灌木种植坛
5 办公楼
6 较低的草坪
7 广场

0 ⊢―――⊣ 75 feet

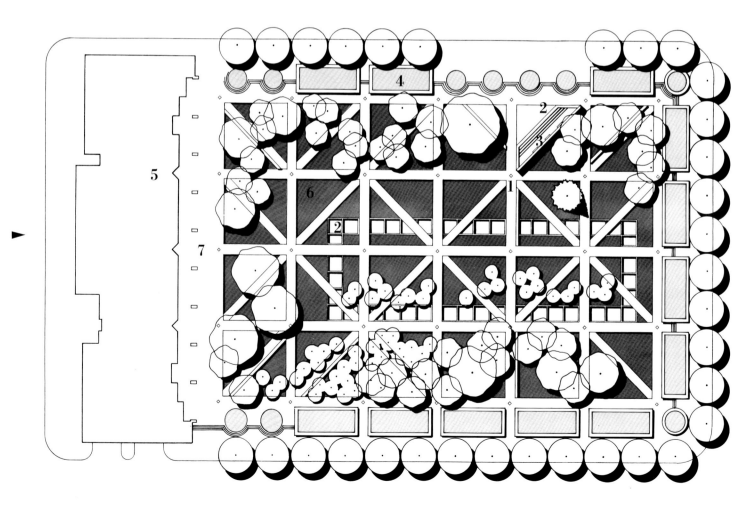

彼得·沃克对于网格的使用提出了两种有时似乎是相对的观点和目的。正如罗伯特·史密森、罗伯特·莫里斯、迈克尔·海泽、特别是勒维特等极简主义艺术家在他们的早期作品中对网格的使用一样，沃克利用网格来显示工业系统冷漠的规律性并限定了一个平面或立体形式。其他20世纪的艺术家，特别是像蒙德里安、阿伯斯（Josef Albers）、莱因哈特和马丁这样的画家都选择网格作为精炼的形式语言的载体。同样，可以明显地看到这种美丽而无比巨大的图案在沃克的许多作品中出现。因为其绝对实用的功能，网格也成为组织视觉观念，特别是有关空间视觉观念的工具。

1983年，彼得·沃克受委托重新设计德克萨斯州沃思堡（Fort Worth）的伯纳特公园。此公园已有60多年的历史，沃克以一个严谨多向度的方案解决这个复杂的项目，满足了社区多方面的需求。同时，作为一个传统意义上的公园，它是一个绿色的地方，又是个到处都充满自然景色的场所，可供人们休闲或静思。沃克设计的公园绿草如茵，浓阴遍地，一池碧水，处处可供游人休憩，或坐、或躺、或嬉戏，各得其所。作为一个城市公共广场，它就需要有耐用的公共聚会场所、人行步道、醒目的夜间照明，还要有明显的特征以作为商业区的入口环境。

伯纳特公园的设计分3个几何水平层。最上层是稍许高出地面的粉红色花岗岩步道，其构图是矩形和成对角线的网格。该路网在公园的平面上形成了一张网，把影子投射到下一层的绿色草地上。下陷的草地成了场地的基底，然而又同互相交叉的花岗岩步道构成不断变化的图案，两者相辅相成。坚硬与柔和、素净与繁茂、正统与乡土之间的对比又被最低的第三层所强化。这一层是一系列的正方形水池，它们一个接一个地排列起来形成一个大长方形。这种形式同草地和花岗岩各个部分相连接，为人们对这个多层构图的了解和认识提供了对比物。

公园的照明包括3个部分：分散在花岗石小路间的正方形地灯、安装在树木间的灯光和竖立在长方形水池里的一系列5英尺高的水管。这些水管是小型喷泉，其中安装的光纤使得喷泉在夜晚看起来就像烛光一样。

伯纳特公园设计中体现出来的细心谨慎和错综复杂产生了对空间和功能的一种新认识。设计虽然提供了公园和广场所需要的具体细节，但是它却是以一种超越日常经验的方式传递的。公园似乎是在展现它划分与利用空间的不同之处，以提高使用空间的人对它的了解认识。这种激发出来的反应可能并非总是令人欣慰和熟悉的，但的确对社会提出一种改变和挑战，成为一种不同寻常的、振奋人心的经验。

公园鸟瞰

喷泉水池

钢管顶端的光纤灯光

垂直与对角线花岗岩路网

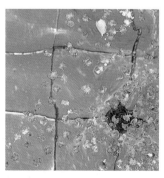

贴釉面砖的水池

谭纳喷泉
Tanner Fountain

地点: *Cambridge, Massachusetts*
委托人: *Harvard University*
园林设计师: *Peter Walker with The SWA Group*
喷泉顾问: *Richard Chaix*
蒸气艺术家: *Joan Brigham*
完成日期: *1984*

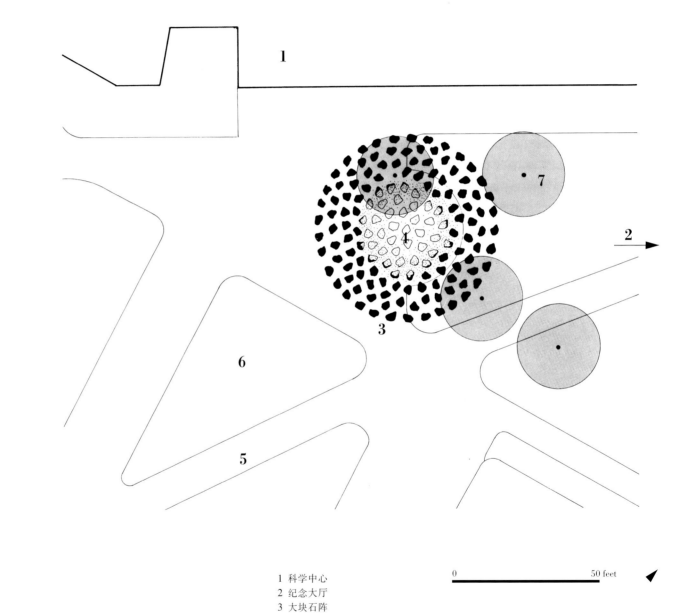

从哈佛庭院看到的景象

1 科学中心
2 纪念大厅
3 大块石阵
4 雾喷泉
5 沥青道路
6 草坪
7 乔木

0   50 feet

彼得·沃克一直热衷于用石块来装点大地,把自己的感受体验在公共场合中抒发出来,他的激情冲动就像孩子在堆石头一样,而这种做法一直可以追溯到公元前 2 000 年的埃夫伯里立石和英国的巨石阵。沃克用石块把象征意义与实用功能结合起来,这既涉及禅宗园里那些沉思默想的诗一般的景物,同样也涉及 20 世纪极简主义和大地艺术明确阐述的现象学思想。

马萨诸塞州剑桥市哈佛大学中的谭纳喷泉十分明显地表明沃克对于石块魅力的热爱。谭纳喷泉位于建筑、构筑和篱笆围墙环绕的人行道交叉路口,由 159 块砾石围成一个直径 60 英尺的同心但不规则的圆圈,构成了一个开放的几何图形。每一块砾石大约 4 英尺×2 英尺×2 英尺,全都半嵌入地下。草地、沥青和混凝土小路在圆圈或其附近互相交叉,使得场地的质感和颜色多种多样。

谭纳喷泉与传统的喷泉不同,水是从位于石块圈中心的 32 个喷嘴喷出来的。春、夏、秋三季喷出来的是雾气,悬浮在圆圈上方。阳光折射呈现出一道道的彩虹。到了夜晚,从下面反射上来的灯光照射雾气和空间产生神奇的光线。到了冬季,雾气凝成蒸汽,遮蔽覆盖石块,然后在夜间寒冷的空气中飘散了。

谭纳喷泉的设计就是要把这个地方建成一个供人们聚会休息的地方:人们可以驻足坐憩、聚首言欢,孩子们可以寻奇探幽,同时还要能够引起过往行人的注目和赞赏。它也成了人们走出家门、接触自然的地方,成了激发人们质朴情感和诗情画意的纽带。作为神秘的形象,这些排列的砾石、闪光的喷雾、谜一般的折射光线、若隐若现的形体都使人们产生一种生气勃勃、充满魅力之感。

每一个季节谭纳喷泉呈现出自己的面貌与变化,使它成为人们观察自然和崇敬大地节律的媒介。春、夏两季这里空气清新、夜晚明亮、草地青翠;秋天来临,遍地都是色彩斑斓的落叶,秋风吹来,薄雾飘扬浮升,现出一片活力;冬雪覆盖着石块,赋予那沉寂的雪丘一派神圣的气氛。

鸟瞰石环与雾

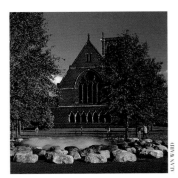

秋

夏

雾中的彩虹

夜晚的灯光

冬季的蒸气喷泉

冬

IBM 公司克利尔湖园区
IBM Clearlake

地点: *Houston, Texas*

委托人: *IBM Corporation*

建筑师: *CRSS*

园林设计师: *The Office of Peter Walker and Martha Schwartz*

完成日期: *1987*

1 林地
2 入口大道
3 停车处
4 花坛
5 大道

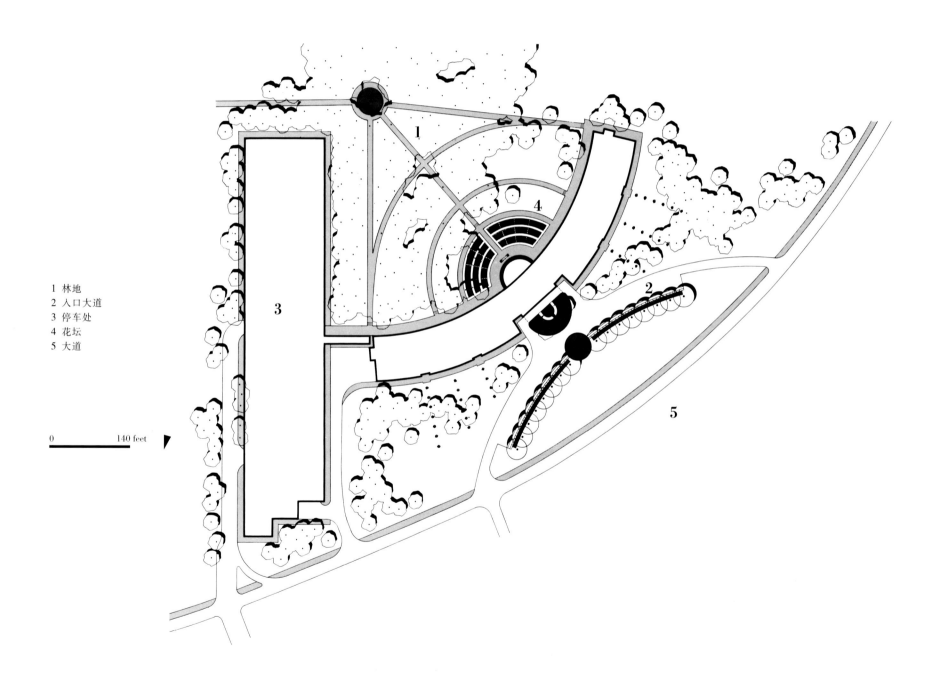

由 CRSS 的建筑师们设计的德克萨斯州 IBM 公司克利尔湖园区坐落在一个低湿而林木丛生的地区。建筑平面呈弧形,由玻璃和石材建成。设计要求把环境的各个部分连接成一个整体,为大楼提供优美的环境。规划要求用一条几何中轴线和同心小径来呼应月牙形大楼。因此设计中小路的布置以大楼为中心向外辐射,一直延伸到现有的松林。

庭园被划分成若干由草地和睡莲池构成的轮廓明晰的弧形片段,与大楼的造型和基调相呼应,也在重叠的图形中形成自己的焦点。汀步成为贯穿整个图形的断断续续的连线,把各个不同的组成部分连成一体,同时加强了睡莲浮叶鲜亮的效果。

大楼与花坛的条状倒影

放射状水池倒映天空

几何砾石步道与散落的松树

原先松林中的小径

水面、草地和砾石图案

林间的放射几何形道路

石的布置

IBM 公司索拉纳园区
IBM Solana

地点: Westlake and Southlake, Texas

委托人: IBM Corporation and Maguire/Thomas Partnership

建筑师: Ricardo Legorreta Arquitectos
Mitchell/Giurgola Architects
Leason Pomeroy and Associates

规划师: Barton Myers and Associates

工程师: Carter and Burgess, Inc.

园林设计师: Peter Walker and Partners
(Prior to 1990, The Office of Peter Walker and Martha Schwartz)

完成日期: 1991

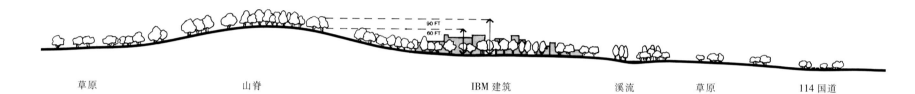

草原　　　　　　山脊　　　　　　　　IBM 建筑　　　溪流　草原　　114 国道

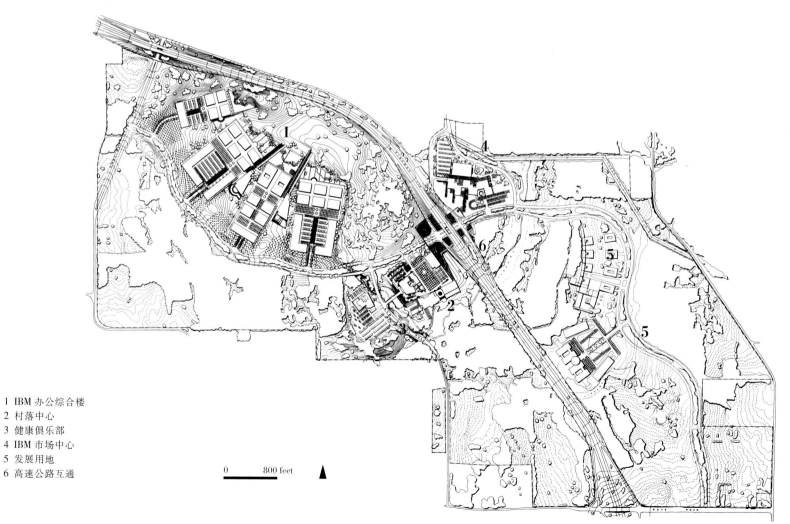

1 IBM 办公综合楼
2 村落中心
3 健康俱乐部
4 IBM 市场中心
5 发展用地
6 高速公路互通

0 ——— 800 feet

索拉纳在西班牙语中的意思是"充满阳光的地方"。园区是恪守现状与脆弱景观优先原则而进行的大规模开发的优秀典范。索拉纳建设的主导观念是自然环境本身是设计的先决条件。该园位于德克萨斯州中西部，面积850英亩（1英亩＝4 046.781平方米），安排有一系列的办公楼、一个村落般的购物区、旅馆和包括草地、田野、牧场、高草原和林区在内的大片开放空间。

索拉纳规划小组采用传统的合作而又独立的工作方式。参加索拉纳项目的人，包括巴顿·迈尔斯（Barton Myers）、米切尔/朱尔戈拉（Mitchell/Giurgola）事务所、里卡多·莱戈雷塔事务所（Ricardo Legorreta Arquitectos）的建筑师们以及彼得·沃克/威廉·约翰逊及其合伙人事务所的设计师们都抛弃了那种靠一位大师创作出只有英雄主义色彩或充分显示个性的作品的现代思想，他们把这一项目看成是一次良好的机会，使自己的工作真正地做到因地制宜体现环境的特点和相互间紧密联系。工作组结合当地的生态、地理和水文的要求以及IBM公司和马圭尔/托马斯合资企业提出的使用要求，考虑了各成员的观点和创造性思想，提出了一套新颖而又合理的方法。

最初作出的一个决定是把重点放在高原的地平线和视线上，从而确定了园区采用低层建筑布局的原则。为了保持地域的开阔性，建筑物成组布置，使得与西南部大庄园传统文化背景息息相关的空间和土地不会受到妨碍和干扰。在解决功能要求时，设计组努力打破日常生活经历的平凡单调，设计了高速公路的出入口斜坡和雕塑般的入口花园。可以直接看到周围重新种植了野花和栎树的草原和树林，两侧布置林阴道和沟渠河道。精心地安置了一些长凳和观景点以便人们观赏远处地平线上的景色。

同总体设计的宏伟广袤形成对照，建筑物内部则营造了各种小巧宜人的庭园。这些庭园的构思设计直接回应建筑物的形式、色彩和风格。一排排、一圈圈的杨柳和三角叶杨、穿流过桥门和篱墙的溪流河道、一个喷射出阵阵雾气的板石垒成的矮喷泉以及黑白岩石雕成的圆圈点缀在入口道路的两旁。结合整体环境巧妙地安置了长排的板石垒成的小石墙，它们既是一种线形雕塑，又可用作坐凳。沃克和他的同事们创造了这样一个场所，充分体现了他们的审美观念，并且使这些观念同其他因素和整体环境相结合。

索拉纳是沃克最优秀的合作项目之一。该项目获得巨大成功的原因之一是他能够沟通场地内外的联系，能够克制地展现自己鲜明的风格，去追求各种思想观念和实际效果的密切结合，从而使得他的作品充满了完美的协调和清晰。

与曲折溪流相结合的几何图案式布置

越过花坛的步道、林阴道、水渠

朝向会议中心轴线

朝向恢复后草原的轴线

以远处草原景色为背景的园景

入口道路与石环

冬景

水边的垂柳

IBM 公司索拉纳园区
IBM Solana

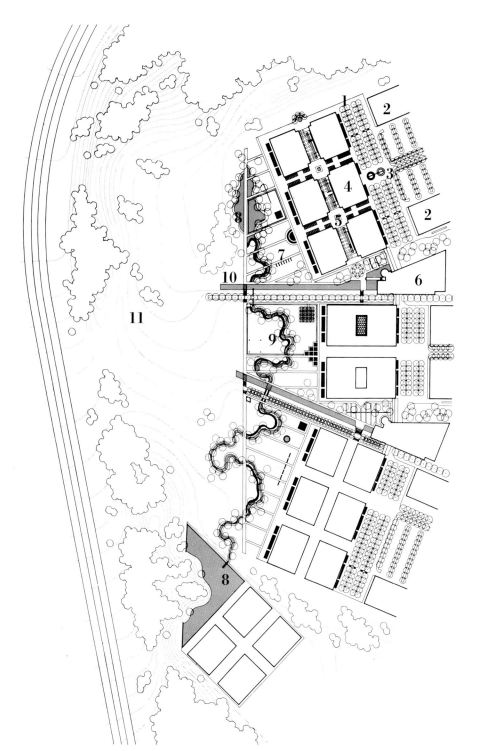

旅馆与重新恢复的草原

村落中心

石喷泉

IBM 办公综合楼

1 客户停车场
2 停车设施
3 入口喷泉
4 办公大楼
5 沿街庭园
6 餐厅与会议室
7 花坛庭园
8 湖面
9 溪流
10 水渠
11 草坡

0   300 feet

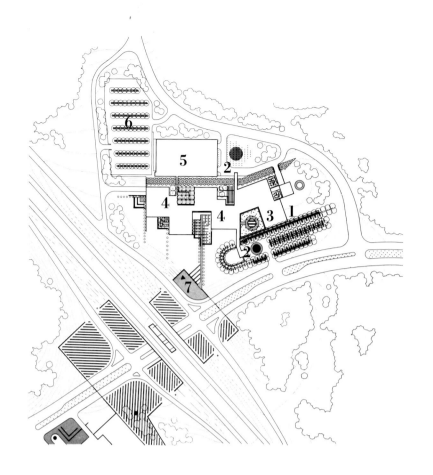

IBM 市场中心

1 访客停车场
2 入口
3 入口庭院
4 庭院
5 停车库
6 停车场
7 喷泉

0   400 feet ▲

夏景

冬景

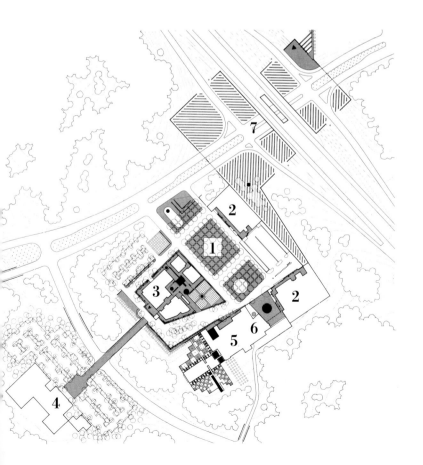

村落中心

1 入口景观
2 办公楼
3 村落商业中心
4 卫生所
5 宾馆
6 汽车庭院喷泉
7 高速公路互通

0   400 feet ▲

石块与杨树庭园

高级生物医学研究所
Institute for Advanced Biomedical Research

地点： *Portland, Oregon*
委托人： *Oregon Health Sciences University*
建筑师： *Zimmer Gunsul Frasca Partnership*
园林设计师： *Peter Walker with The SWA Group*
完成日期： *1984*

1 啤酒庭园咖啡屋
2 台阶型坐憩台地
3 台阶
4 广场
5 屋顶花园

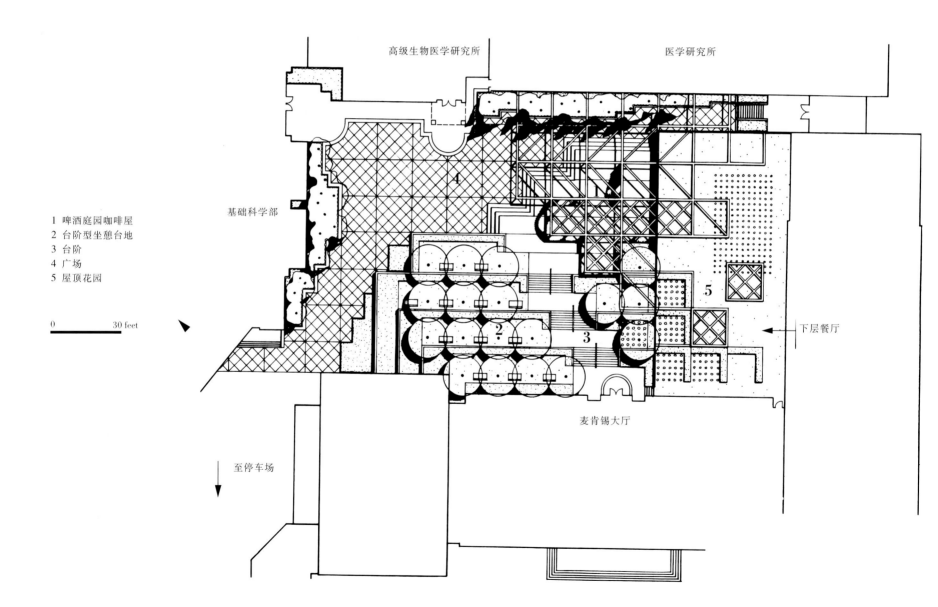

齐默尔·冈苏尔·弗拉斯卡建筑师事务所(Zimmer Gunsul Frasca Partnership)设计的高级生物医学研究所的公共场所原先是一个狭窄荒凉的地方,要把它建成既幽默风趣又舒适宜人的聚会场所和庭园,就必须拿出具有创新精神的方案来。彼得·沃克的意图是利用形形色色的新混合材料、颜色和形式创造出一个舒适随意又生机勃勃的场所。

三个基本组成部分构成了这个场所的特色。首先是混凝土辅装的对角线和正方形双网格图案叠加的中心广场。精细雅致的苔藓线使得这些图案尤显突出,与周围各种不同图案的花架和瓦镶边互相呼应。

种植台形成的山坡庭园提供了回廊式的隐蔽环境,可供游人叙谈,并同设计的其他区形成视觉呼应。李树、木凳和带有图案的挡土墙就像私家庭园的院墙一样形成了一块舒适宜人的场所。由放置得井然有序的紫色石块构成的小型岩石园使人感到既有秩序又虚幻莫测。

抬高的咖啡平台北面与充满动感的折线形台阶相接,顶上是设计得有些怪诞的凉棚绿廊。这间"活动室"既是避风挡雨的地方,也是斜格凉亭、拱廊和几何形窗户的背景。棚架作顶的空间所具有的两重性反映了在"室内"空间、使用者和衔接各要素的开敞空间的总体精神之间所产生的一种不确定的"灰色"关系。

高级生物医学研究所的庭园集合众多的园景空间,把一块小小的场地改造成空气新鲜、开阔宽敞之所,既给人以统一完整之感,又不失私密性。

建设前现状

广场与台阶景观

通向办公大楼的台阶

台阶型尽端式坐憩台地

咖啡屋亭

咖啡屋夜景

赫尔曼·米勒公司
Herman Miller, Inc.

地点：　　　　 *Rockland, California*
委托人：　　　 *Herman Miller, Inc.*
建筑师：　　　 *Frank O. Gehry and Associates*
　　　　　　　 Dreyfuss and Blackford
　　　　　　　 Stanley Tigerman
园林设计师：*The Office of Peter Walker and Martha Schwartz*
完成日期：　 *1985*

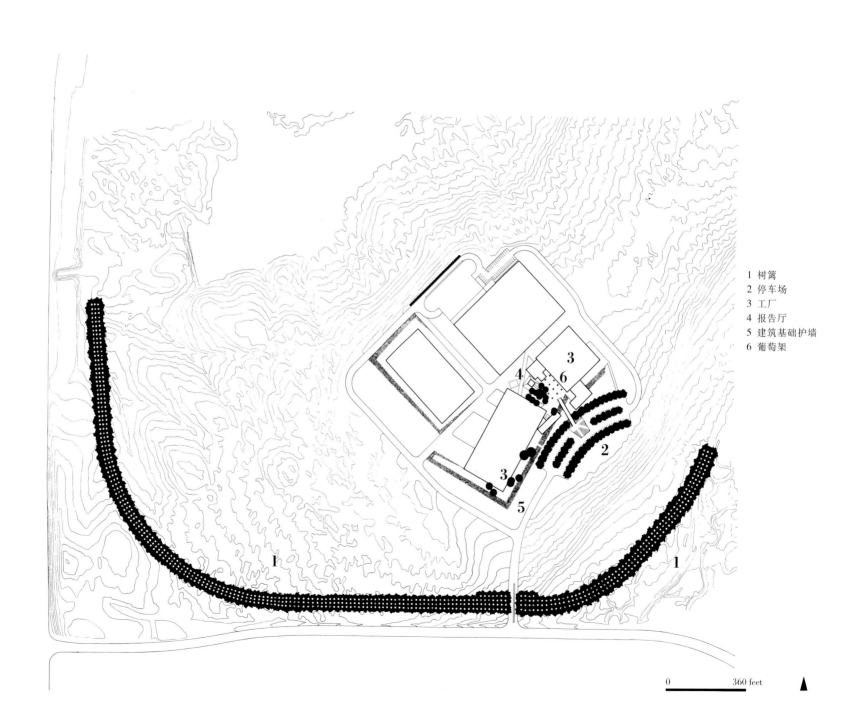

1 树篱
2 停车场
3 工厂
4 报告厅
5 建筑基础护墙
6 葡萄架

0　　　　360 feet

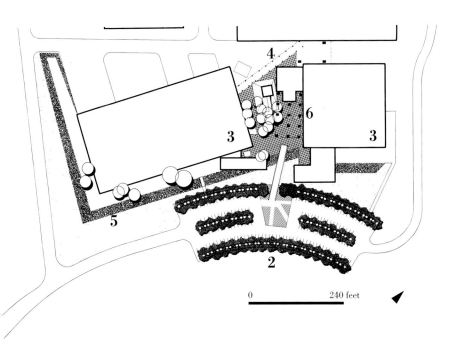

为赫尔曼·米勒公司设计的这项工程体现出一种常规的方法,它反映了公司的意图、衬托出了独特的建筑和统一明确的景观。园林设计的任务是进行场地全景规划,使建筑物和环境连成一体,并且充分利用场地现有的条件和专业技术以产生激发灵感的效果。

位于加利福尼亚州罗克兰(Rockland)的赫尔曼·米勒公司,其主体建筑由弗兰克·盖里设计。建筑外装饰采用镀锌金属板构成,并配有紫铜护墙板,一长排低矮的巨大砾石穿插其间。大楼建在巨大的岩石山脊上,其表面温暖丰富的色彩打破了冷漠的现代主义形式。

彼得·沃克对建筑和场地的反映集中于它们互相对比显出的悬殊差别之上。为了突出这个场地的开阔和到处都是岩石的特点,沃克用草和野花将地面覆盖起来,并四处散置大大小小的石块和巨砾,好像这里下过一场怪异狂暴的石雨一样。

建筑物基础周围环绕着一片碎石护坡,创造出一种丰富多变的灰色调图形。一条由当地大块石和榆树排列成图案的通道把田野和岩石结合成一体。这些互不相同的成分在对话交谈,每一个都像是一篇视觉记叙文,好像在宣称某一处遥远的地方偶尔发生的一次超现实主义事件一样。

多石的山脊与成片的小野花

沥青铺地,碎石护坡的金属建筑

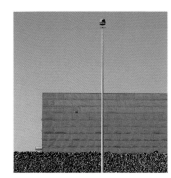

碎石护坡和金属侧墙

排列大石块的步道

大石块划分停车场边界及保护树木

阿亚拉三角地
Ayala Triangle

地点:　　　*Makati District, Manila, Philippines*

委托人:　　*Ayala Land, Inc.*

建筑师:　　*Skidmore, Owings & Merrill, Architects*
　　　　　　Leandro V. Locsin & Partners, Architects

园林设计师: *Peter Walker William Johnson and Partners*
　　　　　　PDAA Partners

第一阶段

完成日期:　1996

"殖民"庭园

1 办公大楼
2 证券交易大厅
3 博物馆
4 棕榈林
5 丛林庭园
6 广场
7 "大台阶"
8 "殖民"庭园

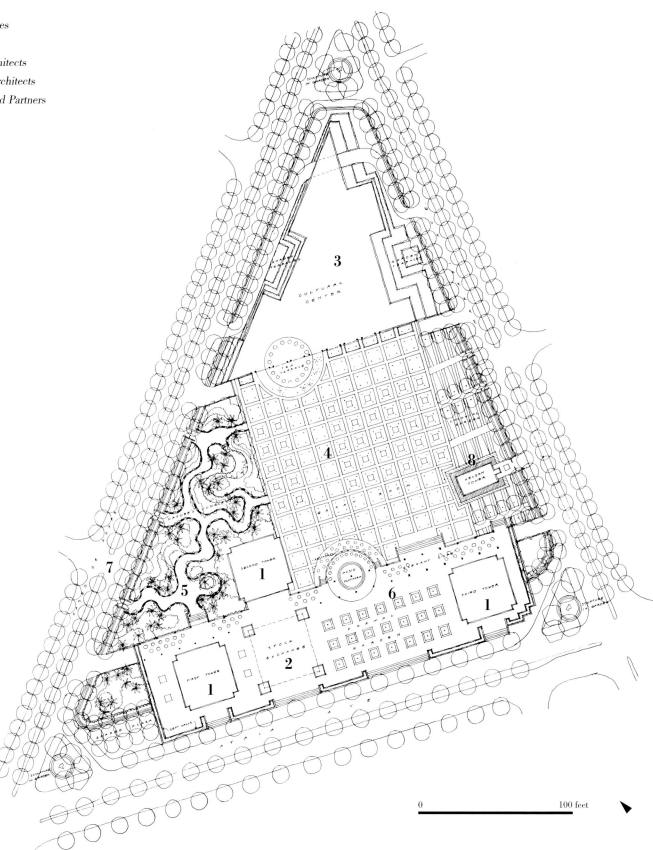

0   100 feet

阿亚拉三角地位于马尼拉市金融中心,还保留着原马尼拉机场跑道形式。合作要实现一个动态的总体规划,包括三幢壮观的高层办公楼、一幢新的菲律宾股票交易所、一个主要的文化中心和一个大公园。一个令人联想起菲律宾历史上殖民时期的规整花坛园环绕着保留下来的机场大楼。围成三角地的三条街道成为这个综合楼的边缘。沿街种植的树林形成一条连绵不断的树冠层,遮蔽着街道和宽敞的人行道,为这个炎热地区提供了浓阴、清泉和优美的景色来消除暑气。项目的核心部分是象征菲律宾当今民主政府的棕榈大"厅",其间有间隔6米、成网格种植的棕榈树,还装点有水池和沙砾小径。

与棕榈林的规整网格形成对照,丛林庭园则树木花草密布,小径弯弯曲曲。丛林庭园更加贴近自然,它的小道幽径像蛇一样蜿蜒盘绕,景物布置随心所欲,错落有致。这个种满各种奇花异卉、气味芬芳的庭园既为居民和游客提供了赏心悦目、休闲娱乐的场所,也是当地色彩缤纷的鸟类的天堂。

大广场是设计的另一个具有特色的方面,也是SOM建筑公司设计的股票交易所和三幢新办公大楼的下客地点,由此可以眺望棕榈庭园,广场中还有室外餐厅和一个音乐会舞台。

彼得·沃克注意到马尼拉市生机勃勃的街道生活体现出来的丰富多彩的社会和文化精神,联想起巴塞罗那的大台阶的做法,沿着阿亚拉三角地周边修建了舒适的街边台阶,行人可以在那里散步、招呼朋友和熟人。

丛林庭园剖面   庭园   "大台阶"   树阴大道

0   50 feet

丛林庭园

蛇形坐凳

棕榈民主广场和风格简洁的
倒影池庭园

街边"大台阶"的坐凳

格兰德阿克斯任务
Mission Grand Axe

地点: Paris, France
主办者: Etablissement Public pour l'Aménagement
de la Region de la Défense (EPAD)
参赛组: Peter Walker William Johnson and Partners
RTKL Associates, Inc.
Agence P. Lesage Associés
A.M.N.R. Architects-Urbanistes
城市设计师: Julia Trilling, Ph.D.
Stanford Anderson, Ph.D.
Ralph Gakenheimer, Ph.D.
绘图师: William Johnson
竞赛日期: 1991

巴黎的壮丽辉煌不仅在于它的历史遗迹、纪念馆和庭园,还在于它那以东西轴为控制线的宏伟的林阴道。这一轴线连接卢浮宫、杜伊勒利宫、协和宫、香榭丽舍大街和现代的德方斯商业中心。彼得·沃克/威廉·约翰逊及其合伙人事务所的参赛设计方案建议把轴线向西延伸5公里,目的在于重新组织原来分散凌乱的工厂、住宅和交通系统,给予它们以新的活力,创造一个具有社会、文化和环保意识的环境。

体现这一设计思想的两个主要概念,一是结合弧线和直线的螺旋轴,另一个则是作为轴线中心的一片60米宽、5 000米长的开满野花的草地,这也是设计的精髓部分。

螺旋形状贯穿整个设计,它们时而集中时而又偏离那单一的中轴延长线。弧线既增强了设计的流畅感,同时也把弧形里的空间包围起来。设计里一系列的螺旋形突出显示了令人舒心适意的流畅,把直线动态和弧线动态交织在一起。源自直线和圆的基本元素的曲线,创

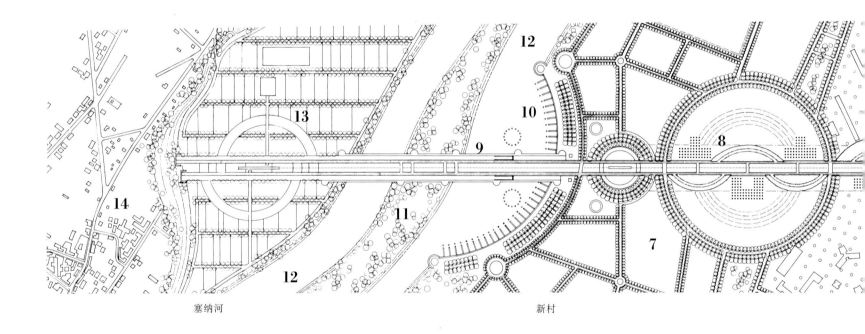

塞纳河　　　　　　　　　　　　　　　新村

德方斯现状景色

带有大草地的德方斯未来景象

塞纳河岛的轴线大桥

造一种融合的景观。这些弧线还同设计里完整的圆形成视觉联系。直线、圆和弧形的根基在于人类文化和对精神联系的追求之中。作为巴黎规划的中心问题，它们成了启发灵感的参照物。

着意于延伸轴线长度的野花草地为设计中规整的几何图形特色提供了一个普通而又自然的对照物。这一朴素而大胆的举措随季节而变化，对这个城市以及许多具有纪念性与历史空间的大城市的规整呆板进行了时代性的批判。这

片草坪的季相和色相变化既形成轴线两侧的平面，又装点了两侧的实体。夜晚，草地上的小光点同满天星斗互相辉映，产生一种不可思议的空间与精神的融合。

1　德方斯大门
2　螺旋
3　陵园
4　学院广场
5　市政厅
6　大学
7　新村
8　博物馆
9　桥
10　港口
11　岛屿
12　塞纳河
13　农业站
14　现有村庄

总长度　约为2公里　▲

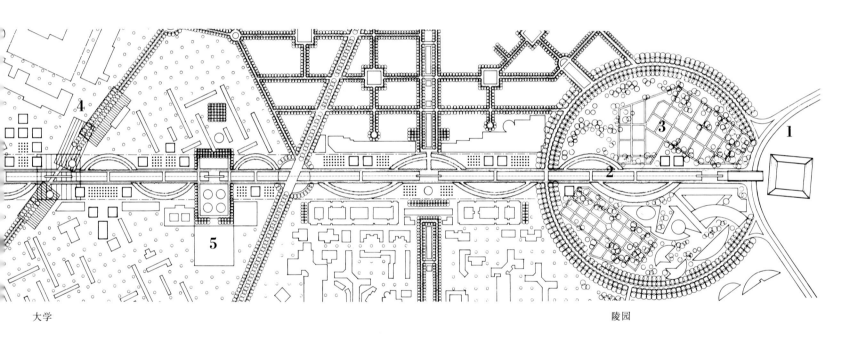

大学　　　　　　　　　　　　　　　　　　　　　　　　　　　　陵园

学院广场重新统一大学的南部与北部

"螺旋"树林与咖啡屋

通向德方斯大门的大草地轴线景观

广场大厦和城镇中心公园
Plaza Tower and Town Center Park

地点: *Costa Mesa, California*

委托人: *Anton Boulevard Associates,*
A Joint Venture of IBM Corporation
and C. J. Segerstrom and Sons

建筑师: *Cesar Pelli and Associates, Design*
CRS Sirrine, Inc.

园林设计师: *Peter Walker and Partners*

艺术家: *Aiko Miyawaki*

完成日期: *1991*

1 广场
2 雕塑
3 野口勇的庭园(加州情景园)
4 歌剧厅广场
5 广场大厦
6 南海岸广场饭店
7 停车库
8 办公楼
9 南海岸大剧院
10 餐厅
11 橙县表演艺术中心
12 中心大厦
13 温泉中心
14 广场剧院

0　　100 feet　▲

广场大厦入口的双池

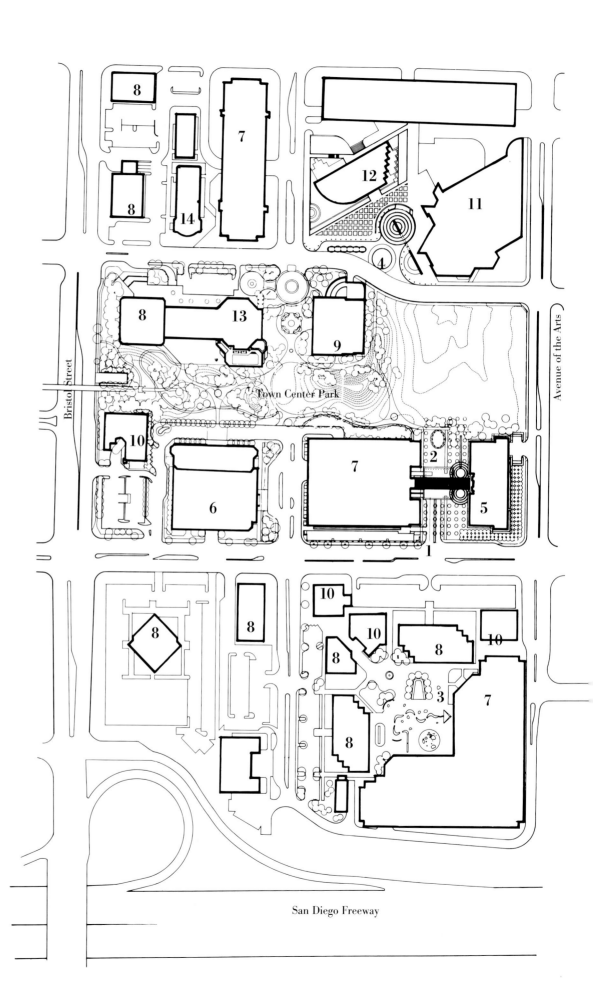

广场大楼入口处设计的不锈钢双池是彼得·沃克对大楼、行人和车辆入口区和路对面的停车场等因素进行综合考虑的结果，它非常成功地把这些分散的部分连接成一个整体，同时又是独立的地面雕塑。双池由草、水、卵石和不锈钢构成。反光的水面倒映出天空，微风轻拂或被拨动便泛起阵阵涟漪，起伏波动。透过清澈的池水可以见到卵石沿着池底铺成一圈。这一分离与统一自然和城市环境的形象，似乎在不断地提出自己的解释。创作这个简练的

作品不仅再现了水面扩散形成的自然涟漪，也展示了一件更加几何图形化的同心圆抽象派作品。它随着含意时时刻刻错综复杂的变化而逐步演化。整齐地嵌在卵石广场内的不锈钢条带穿行在建筑物之间，穿过双池中不断扩散的弧形涟漪，进而与各种不同的图形相交。那简单的形式和常规材料，几乎被掩盖在公共环境之中，明确而充分地表达了有关美的观念，扰乱了我们有关何处可以找到重要的艺术这一问题的先入之见。

爱宫胁子表现黄道十二宫的不锈钢活动艺术雕塑使相邻的市镇中心广场公园显得生气勃勃。

广场大厦和市镇中心公园是正在发展的南海岸广场市中心的一部分，该中心是一个市郊开发区，包括商业、娱乐和文化活动等各方面的设施。彼得·沃克从20世纪70年代初期便参与了这个中心的建设。在遍布中心各处的各种广场、公园和雕塑中，野口勇极具场地个性的加州情景园是一处引人入胜并令人难忘的地方。

面向 IBM 大楼的景色

歌剧院入口大坡道旁的修剪树篱和棕榈

爱宫胁子的雕塑

水池中晨光的倒影

不同反光度材料组成的铺地

排布石块的水池

日本幕张 IBM 公司大楼
IBM Japan Makuhari Building

地点：	*Makuhari, Chiba Prefecture, Japan*
委托人：	*IBM Japan*
建筑师：	*Taniguchi and Associates*
	Nihon Sekkei, Inc., Architects
园林设计师：	*Peter Walker and Partners*
完成日期：	*1991*

1 入口庭院
2 停车场
3 水池
4 柳树岛
5 标志石
6 咖啡亭
7 光带
8 楼亭
9 天桥
10 竹林
11 石墙
12 绿篱
13 草丘
14 杨树林

0   20 meters

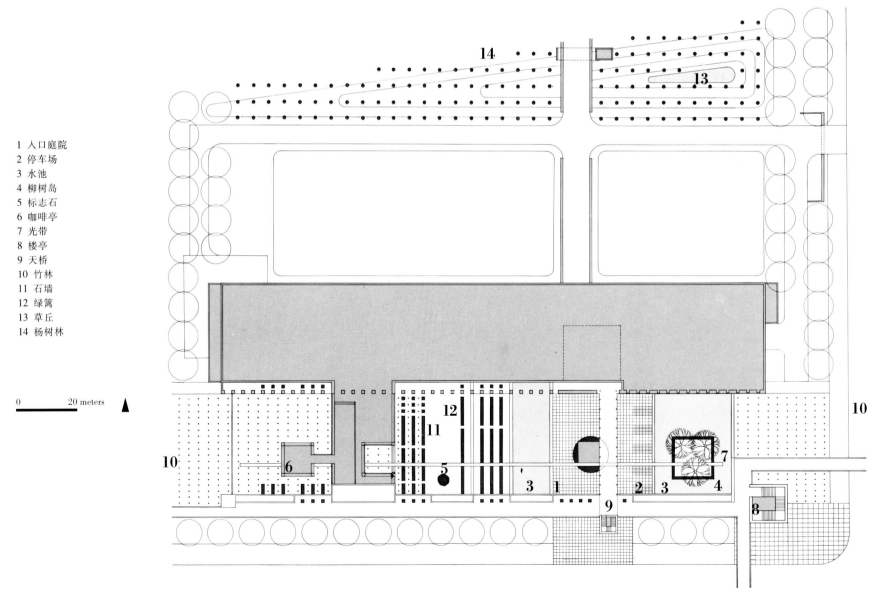

彼得·沃克/威廉·约翰逊及其合伙人事务所为IBM公司在与东京毗邻的幕张新场地设计了一个抽象的几何化庭园，供员工从谷田建筑公司设计的十一层大楼向下俯瞰观景。灰石板贴面的大楼外墙像日本传统的折叠式屏风一样，围合并衬托出了这座充满诗情画意的庭园。

沃克庭园形式的灵感来自于早期计算机穿孔卡的联想，它的寓意是对技术和自然的无限可能性进行整理归纳。同时也如实又巧妙地隐喻了委托人IBM公司。自然、艺术和技术之间存在的紧张关系这一主题反映出当代装置艺术先锋中的一种潮流，表现了这三个领域间不协调的文化思想。在调查中，沃克为这种预料中的不协调寻找到了一个直观的解决方法，从而表明了他那明显的、甚至是明白无误的态度。

IBM公司幕张总部在各处应用的有机和无机材料都非常相似，在整体模式中，它们甚至可以互相替换。庭园中各种色泽和明暗度不同的绿色象征着自然，而那些井井有条的几何图形则令人联想起现代的条理化和平静的沉思默想。绿色石板铺就的条带像修剪成几何图形的绿篱。两个相同的水池中种植了睡莲，一个在阳光下，另一个则在柳阴里。苔藓和沙砾区吸收光线；石板和淡绿色混凝土铺地则反射光线。这些对比和反差揭示出自然秩序和人工秩序之间含糊不清的相似和对立。沃克在IBM公司的庭园里，把这些有时毫不相同的实体联系到一起，最终为这个统一的复合体创造了互相联系的视觉、自然和超自然的系统。

IBM公司庭园除表现了对立或不同的均衡性外也对东西方文化对比进行了评注。庭园使用了日本传统庭园材料如石头、水、竹、柳、常绿灌木、苔藓、沙砾和卵石等，也运用了西方的网格设计概念，引入了树篱、石墙和序列并贯穿始终。

庭园的主要目的是让人们观赏而不是让人们进入，它以独特的元素创造了独特的组成部分，为这样的雕塑般的庭园提供了概念性的典范。树篱区、竹林、相同的水池、和一块非常雕塑化的巨大而神秘的浮石，每一件都是一个独立的聚焦点。这些因素包括一条在地平面上既分割又连接整个庭园的发光带、整体的几何图案和不同层次的绿色组成的具有强大联系互相补充的因素，构成了一个完整统一的环境。似乎是沃克建造了一个雕塑庭园，然后用一系列自己的形象和作品来充实它，这如同贾德为自己的雕塑创造建筑环境一样。

鸟瞰

天台上的太阳幕墙

铺满卵石的柳树岛

横跨庭园的步行入口桥

浮石(7米×3.5米)

光带

渗透到建筑柱廊下的睡莲池

凯宾斯基宾馆
Hotel Kempinski

地点: *Munich Airport Center*

                     Munich, Germany

委托人: *Flughafen Munchen GmbH*

建筑师: *Murphy/Jahn, Inc., Architects*

工程师: *Ove Arup & Partners*

园林设计师: *Peter Walker and Partners*

完成日期: *1994*

1 中庭
2 入口
3 啤酒园
4 宾馆大楼
5 餐厅平台
6 花坛
7 步行道
8 进入道路

0   20 meters

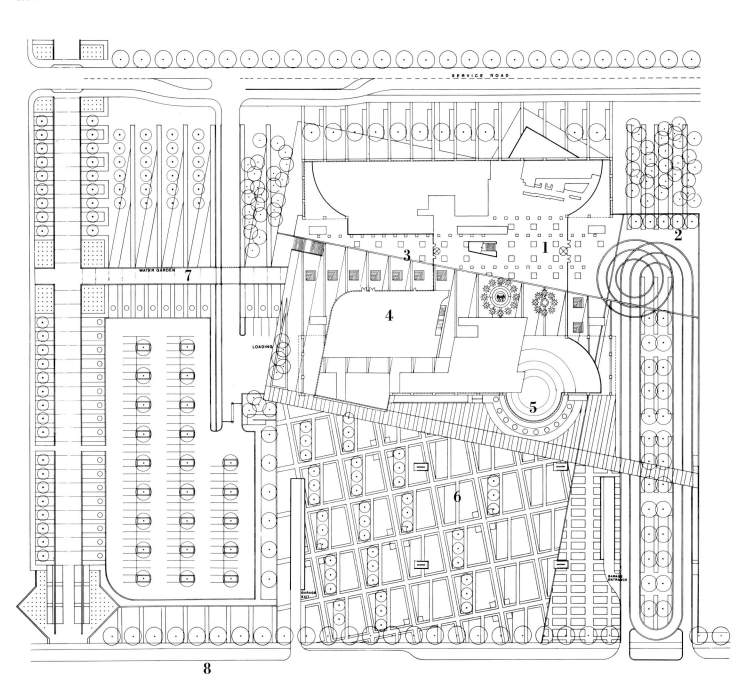

凯宾凯基宾馆大楼前树篱园的设计思想是一个矩形网格序列与另一个斜交的网格重叠。因为这些角度在景观中没有参照，它们再次强调空间里它们自己形式的内在联系，以此成为观察者视点的尺度大小和方位的内部参照。这些复杂的层次由低矮的黄杨篱、彩色沙砾、圆柱形栎树和草坪构成。不但从旅馆的天井和露台可以看到那些转角，这些偏移的角度从上面的房间和办公室以及大楼内部也都能看到。大楼内部，玻璃幕墙成对角线排列。抽象几何造型的"树"布置得像现代舞台布景的道具一样，使那明亮的空间显得生机勃勃、郁郁葱葱。

成斜角布置的树篱

由绿篱、草地、卵石和橡树组成的树篱园

停车库上的树篱园

透过玻璃幕墙的中庭庭园

设置矮牵牛柜的中庭庭园

巨大的玻璃柜上摆满了盆栽矮牵牛

啤酒园的"树"

"棕榈"林

日本索尼幕张技术中心和托约苏纳公园
Sony Makuhari Technology Center and Toyosuna Park

地点: *Makuhari, Chiba Prefecture, Japan*
委托人: *Sony Corporation*
建筑师: *Kunihide Oshinomi, Kajima Design*
园林设计师: *Peter Walker William Johnson and Partners*
方案设计日期: *1991*

与鹿岛设计公司设计的索尼公司办公楼和研究中心大楼的网格状几何框架相呼应,彼得·沃克/威廉·约翰逊及其合伙人事务所设计的公园把日本丰富的传统材料如砾石、沙、石头、树篱和水与显示器这样的现代技术因素相结合,构成互相交叠的网格状平面。

园林设计强调错综复杂的建筑物中不断出现的方格,运用水和砂的小方格图案构成的平台创造出一个程式化的沙滩。显示器系统地分布在庭园各处,既反映了公司时代性、技术性的特点,又融入了

从公园一侧看园景

1 研究所大楼
2 餐厅
3 索尼商场
4 录像机庭园
5 倒影池
6 托约苏纳公园

0   30 meters

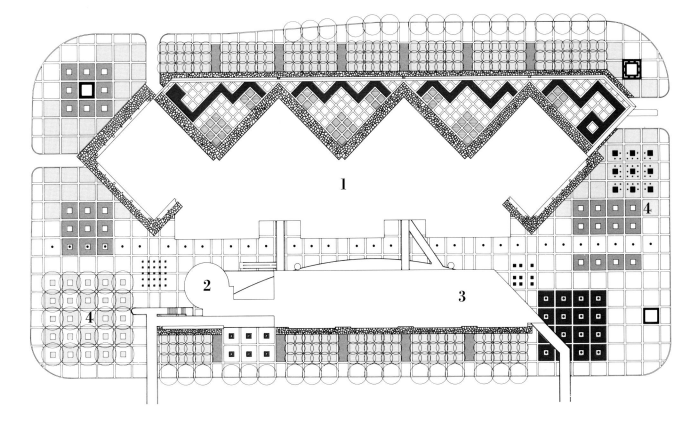

整体设计的模式。步道和长廊从建筑物和庭园一直延伸到相邻的托约苏纳公园。

托约苏纳公园的园林设计旨在延续索尼公共庭园的人行道轴线。散步道、休憩区、儿童娱乐区和一个宽阔的水池同两大片的落叶、开花树林交织成为一体。这个"技术化的树林"运用现代再造林技术,把计算机时代的数学精确性同传统的公园材料相结合创造出一幅独特而令人难忘的景观。

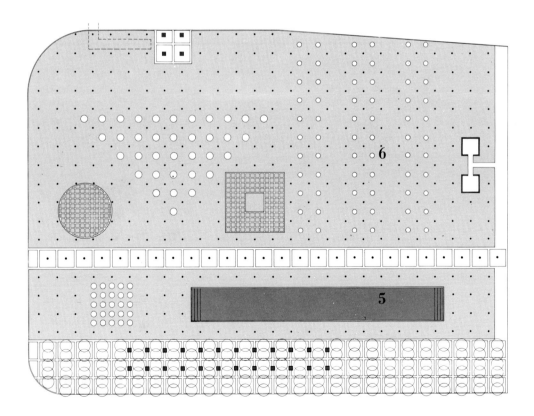

广场庭园与录像"花卉"

穿越公园的狭长林阴道

丸龟火车站广场
Marugame Station Plaza

地点: *Marugame Genichiro-Inokuma*
                   Museum of Contemporary Art (MIMOCA),
                   Marugame City, Kagawa Prefecture, Japan

委托人: *Marugame City*

城市设计师: *Gen Kato, Nihon-Toshi-Sogo-Kenkyusho*

建筑师: *Taniguchi and Associates (MIMOCA)*

园林设计师: *Peter Walker and Partners*
                   Toshi-Keikan-Sekkie, Inc.,
                   Landscape construction observation

完成日期: *1992*

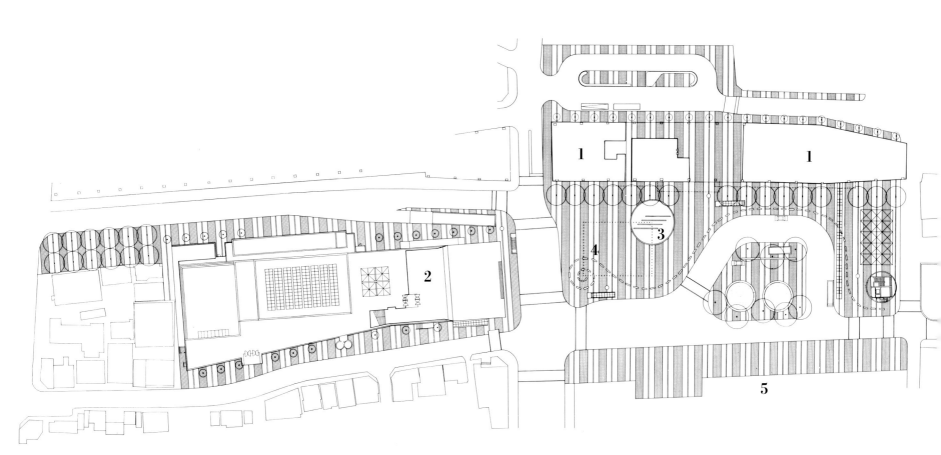

1 火车站
2 下层为图书馆的艺术博物馆
3 喷泉
4 大块石
5 将来的购物中心用地

0   40 meters

在日本,作为城市公共广场来设计丸龟火车站广场是一个难得的机会。它既为加藤源规划的丸龟火车站服务,也为谷口吉生设计的猪熊弦一郎新美术馆和图书馆服务。彼得·沃克/威廉·约翰逊及其合伙人事务所的一个设想是制定一个计划能把分布在各处互不相同的场地和活动有效地联系起来。沃克在这个任务之上又增添了一个想法,通过在街道上运用不断重复的系统(这里指的是设计出有序的铺装图案)连接铺地和步道,囊括场地中的建筑和各种现状环境。

设计的铺装图案是由古代日本庭园使用的细卵石铺地同周围车道使用的普通沥青重复而有序地相间而成。以此把原有建筑物之间的"空"改造成为完整而又醒目的区域。马尔克斯在科帕卡巴纳(Copacabana)的里欧(Rio)的作品和法国概念艺术家丹尼尔·布伦(Daniel Buren)与建筑相关的装置艺术品中都可以看到这种相类似的条带状空间设计特色。这种图案统一而流畅的系统有效地消除了人们从前熟悉的环境的影响力和对这个环境的记忆,使他们有可能对这个地方产生新的认识。

整体系统一旦确立,彼得·沃克/威廉·约翰逊及其合伙人事务所便安装一系列精心构思和建造的单体小品,以证明他们对功能性的强调。在一个圆形水池中建造了一座喷泉,作为进入城市的象征。喷泉由四个相同色彩不锈钢长方形框架构成,水幕从每一个框架上方如雨水一般落下,流入池里。这个设计灵感来自两个方面:其一是日本传统的鸟居形式;再一个就是作为这个城市港口活动的一部分的高科技船运工业使用的起重装置。这个形象与整个规划的调子相呼应,成为其内部系统的一部分。

玻璃纤维制造的相同石块如蛇形排开,为广场增添了又一个动感景象。这些石块既可供行人坐憩,又起到护栏的作用,保护行人免受车辆交通的伤害。拂晓和傍晚时,这些石块从内部发出橙红色的暖光;黑暗中,这些光点和其他一些勾画出设计形状和轮廓的灯光一起,为规划增添了色彩和动感。石块排成的曲线一端有意弯成螺旋形,同广场上规律性的条带状铺地图案形成一个富有韵律的对比。

石块螺旋线

沥青、卵石和石板铺地

水池中如雨般的水线

晚霞中的喷泉

"石块"坐凳

夜晚位于博物馆门厅前的发光石组

雨幕喷泉

"鸟居"和"龙门吊"型喷泉

欧罗巴 - 豪斯
Europa–Haus

地点: *Frankfurt, Germany*
委托人: *SkanInvest*
建筑师: *Murphy/Jahn, Inc., Architects*
园林设计师: *Peter Walker William Johnson and Partners*
方案设计日期: *1992*

1 办公大楼
2 住宅楼
3 法兰克福香肠般的条凳
4 咖啡座
5 喷泉
6 自动扶梯
7 服务道路

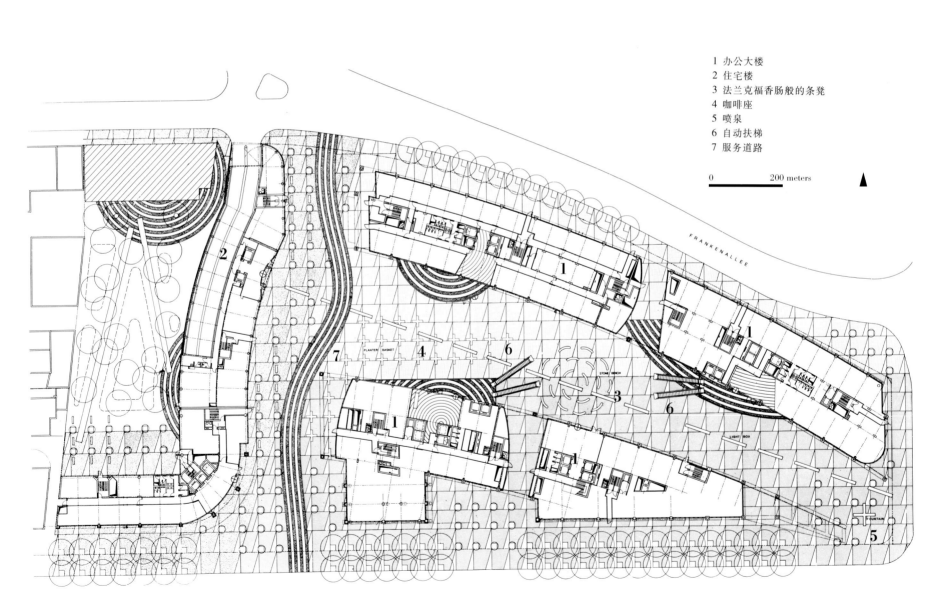

欧罗巴－豪斯庭园是彼得·沃克/威廉·约翰逊及其合伙人事务所运用系列结构的一个很好实例。这里所讲的系列结构是按照一定关系建造的相似和重复的组件组成的整体结构。虽然在历史上，重复的节奏在音乐、舞蹈、建筑和园林景观中都能被发现，序列性景观在视觉艺术中的现代运用则起源于19世纪晚期克洛德·莫奈的"干草垛"、"杨树"和大教堂系列绘画。在这些作品中，莫奈反复仔细观察自然界的变化更换的奥妙，尤其是那些光影和季相变化明显的物体，以及我们对这些变化的感知。现代

艺术史把对系列物体的探索作为一条主线，以作为了解自然与宇宙的手段。沃克的作品用一切语言，包括艺术、哲学、精神以及公共庭园与景观的设计与实践延伸了这种探索。

欧罗巴－豪斯庭园的方法是把内部空间和图案丰富的城市地面同赫尔穆特·扬（Helmut Jahn）的雕塑化建筑形成的哥特式向心的平面相对比。这个用传统德国街道的小铺地砖铺砌的空间与建筑的细部相呼应，其设计意图是要作为一个巨大城市"房间"，像宏伟的内部大厅那样，内部陈列着各种物品和

树木花草，供人们从内部和上面观赏。图案反映出颜色的微妙渐变以区分庭园各个不同的区域。就像乐谱之于生动活泼的音乐符号一样，铺地成了规划中心各种活动的和谐陪衬物。

欧罗巴－豪斯庭园的总体规划包括了大量精彩而独特的元素，反映了沃克把物体放在空间中、空间放在物体内的思想。一条雕塑光带标识出中心空间的地面并把它一分为二，创造了一个视觉焦点，引出一种对它的方向的微妙感知。通向建筑物二楼的入口处的自动扶梯，设计并安置得引人注目，成了

地面图案的立体辐射线。正如平面中大多数的组成部分那样，这些自动扶梯既满足了功能要求，又有设计的意义。一系列十字形的长春藤花坛组成了基本形状和序列，限定了一家室外咖啡馆的场地范围。雕刻成法兰克福香肠的巨大石块被设置成同心圆，成了这个多面庭园的又一个与众不同的区域，既可以当坐凳，又是孩子们做游戏的迷宫。在法兰克福拿"frankfurters"作为视觉的和文字的双关语（注：frankfurters一词既有法兰克福香肠之意，又可作法兰克福人解），这种公开的幽默点缀了空间。

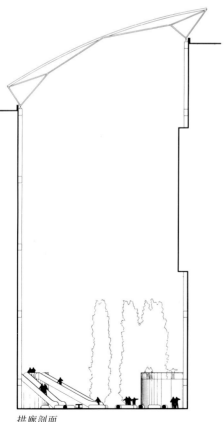

拱廊剖面

设有咖啡座和不锈钢光带的广场铺地

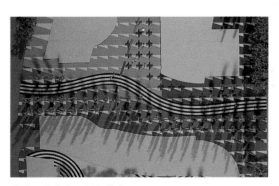

曲线型的水磨石服务道路

法兰克福香肠状的石凳

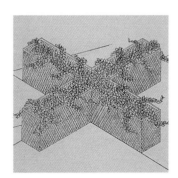

藤本植物种植坛

欧拉里尔城市公园
Euralille Parc Urbain

地点: *Lille, France*

委托人: *City of Lille*

建筑师: *Rem Koolhaas, Master Planner*

参赛组: *Peter Walker William Johnson and Partner*

             Pascale Jacotot, Paysagiste

             DPLG, Paris

绘图: *William Johnson*

竞赛日期: *1992*

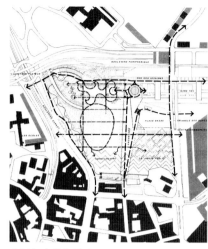

公园与古城的关系

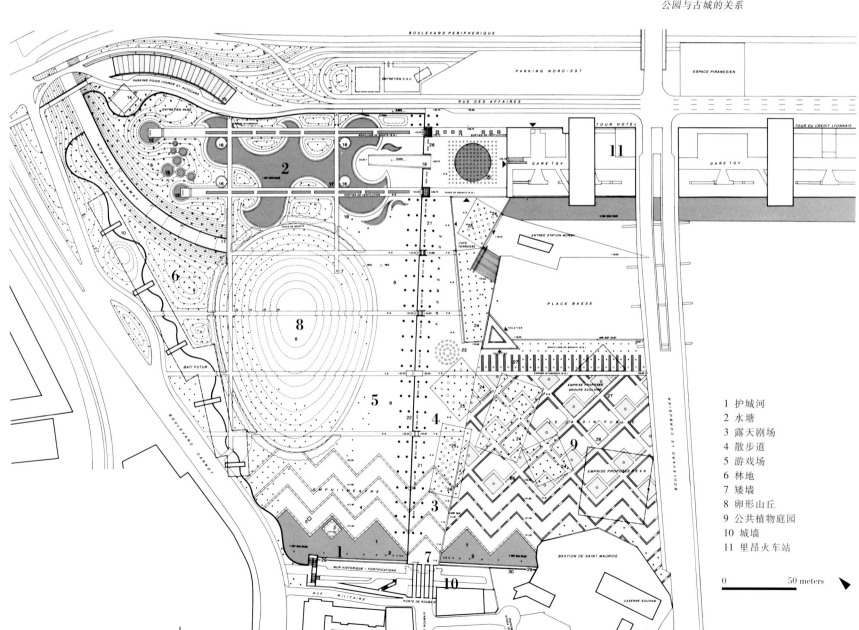

1 护城河
2 水塘
3 露天剧场
4 散步道
5 游戏场
6 林地
7 矮墙
8 卵形山丘
9 公共植物庭园
10 城墙
11 里昂火车站

0   50 meters

彼得·沃克/威廉·约翰逊及其合伙人事务所同法国的城市设计师们合作为法国东北部离法国比利时边境不远的里尔市（Lille）设计了一幅宏伟前景，将这个省会城市改造成一个与历史和文化共同前进的21世纪特大都市。在公、私资金的赞助支持下，由声誉远扬的荷兰建筑师库哈斯任首席设计师，这个庞大的新商业中心将包括由国际知名的建筑师设计的众多规模宏伟的建筑物、一个把里尔同伦敦和巴黎连接起来的先进的里尔高速火车站，以及大量零售业、住宅、旅馆、办公楼、文化活动和公园设施齐全的场所。

作为这个商业和国际高精技术中心的一个关键部分，彼得·沃克/威廉·约翰逊及其合伙人事务所建议建一个公园，公园中有散步道，把火车站同老城连接起来；一座像森林公园的小山，以及一个公共庭园。公园设计中的这些组成部分将有效地为经常到欧拉里尔来访的几百万人服务，同时通过欧拉里尔公园的人性化的尺度，创造真正的社区感。

着意于创造一种精神，充满希望和对里尔悠久中世纪历史的感激。公共庭园布置了网格式道路、树篱、栗树和樱桃树，而独立的庭园空间则用拼贴图案的铺装铺砌，令人想起里尔历史上的纺织产品。中部一个起伏的卵形小山给人一种神秘和怪诞的感觉，山上一片柳树林既营造了私密感又有一定通透性。一个巨大的露天剧场和"V"字形图案的看台一直延伸到公园，在朝公园和重建护城河的方向上创造了活力和动感。一条两边种植了树木并安置了长凳的人行道和一个声光亭子使得地方社区和空间的文化精髓更加生动活泼。尽管规划的规模宏伟，沃克还是一如既往地小心关注着个人、小团体或家庭的活动场所，使他们能够体验到公园那种熟悉的亲密感。

历史悠久的城墙边的护城河

通向火车站的宽敞步道

山丘与游戏场

公共植物庭园

波音公司朗加克雷斯公园
Longacres Park–The Boeing Company

地点: *Renton, Washington*

委托人: *The Boeing Company*

建筑师: *Skidmore, Owings & Merrill, San Francisco*

工程师: *Sverdrup*

湿地顾问: *L.C. Lee & Associates*

园林设计师: *Peter Walker William Johnson and Partners*
              Bruce Dees & Associates,
              Landscape construction documents

一期工程

完成日期: *1994*

1 停车场
2 培训中心
3 管理大楼
4 办公楼
5 餐饮服务
6 湿地湖面
7 森林

0   800 feet

规划的新森林和湿地

复杂的湿地溪流

培训中心的平台

圆木压边的步道

横跨池塘的桥

睡莲与雷尼尔山影

由 SOM 和彼得·沃克/威廉·约翰逊及其合伙人事务所领导的合作小组着手完成了一项雄心勃勃的任务,对美国太平洋地区西北部一块 212 英亩的场地进行重新开发。它包括将赛马场改造成环境敏感的城市化地区,一个 17 幢大楼与其围成的一块中央开放空间组成的办公园区,恢复一片重要湿地。并参照该地区从前的农业土地利用,制定一份现行设计方案。

改造的湿地系统包括了一个 6 英亩的湖、一片 4 英亩的沼泽和一些溪流和池塘,这其中的动态特征导致公园的设计也是流动性和纲要性的。这种用土地和水体来塑造环境的方式对于彼得·沃克/威廉·约翰逊及其合伙人事务所来说是一种试验性的创新,它开辟了一个处于探索阶段的新方向。与湿地的有机形态和轮廓形成艺术对比的是整个场地的由乡土常绿和落叶树构成的几何图形程式化的"树林"。斜纹图案同远处雄伟的雷尼尔山脉(Mount Rainier)从视觉上相联系。

加州大学圣迪亚哥分校图书馆步行道
University of California at San Diego Library Walk

地点： *San Diego, California*

委托人： *University of California at San Diego*

园林设计师： *Peter Walker William Johnson and Partners*

完成日期： *1995*

现有桉树林

1 图书馆步行道
2 学生中心
3 教学楼
4 医学院
5 图书馆
6 桉树林
7 规划的教学楼

0   100 feet

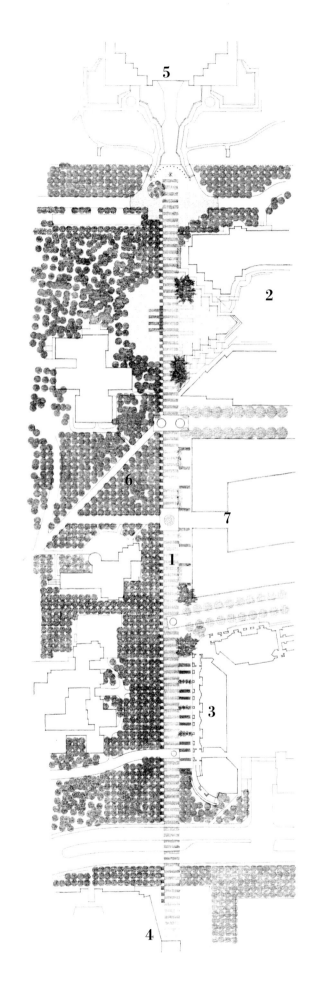

通向医学院步行道全景

步行道夜景

新教学大楼前的步行道

步行道旁的坐憩区

用地砖铺成的条纹状的铺地与新种植的桉树

预制混凝土凳灯

加利福尼亚大学的这个校园坐落于临加利福尼亚南部太平洋的陆岸上,校园内的许多建筑物都被一大片壮丽而成熟的桉树林环绕,学校收集了许多国际知名的室外雕塑与大地艺术品,其中有许多就坐落在树林中。

彼得·沃克/威廉·约翰逊及其合伙人事务所的任务不仅是创造一条主要的线形空间,把新扩建的图书馆同校园内其他一系列的建筑物联系起来,更强调了一种空间结构,把过去校园设计中各个不同的方面统一起来。利用现有的小路和步行道把空间整合起来,规划提出发展一条主轴线,以便独立而又有力的表现自己。

像法国艺术家丹尼尔·布伦的大胆作为一样,设计中大胆而有指导性地运用了交替更迭铺装图案,使这条新铺就的中央人行道形成一种凝聚力并像广场那样成为校园的焦点。坐墙、供群众公开演讲的讲台和邻近供人们聚会的场地都被包括了进去。部分设计甚至试图把远景扩大到附近的树林,同时还通过种植新树以保存并加强网格效果。

与许多办公工程一样,照明是这个设计方案的关键。夜晚,讲台成了灯塔和照明标志,光线从下面照亮了讲台、道路和树林。这些光点勾勒出了人行道的轴线,加强了整合的通道中心场所的分量。

丰田市艺术博物馆
Toyota Municipal Museum of Art

地点：   *Toyota City, Aichi Prefecture, Japan*

委托人：   *Toyota City Government*

建筑师：   *Taniguchi and Associates*

园林设计师： *Peter Walker William Johnson and Partners*

               Kazumi Mizoguchi Landscape Office

完成日期：   *1995*

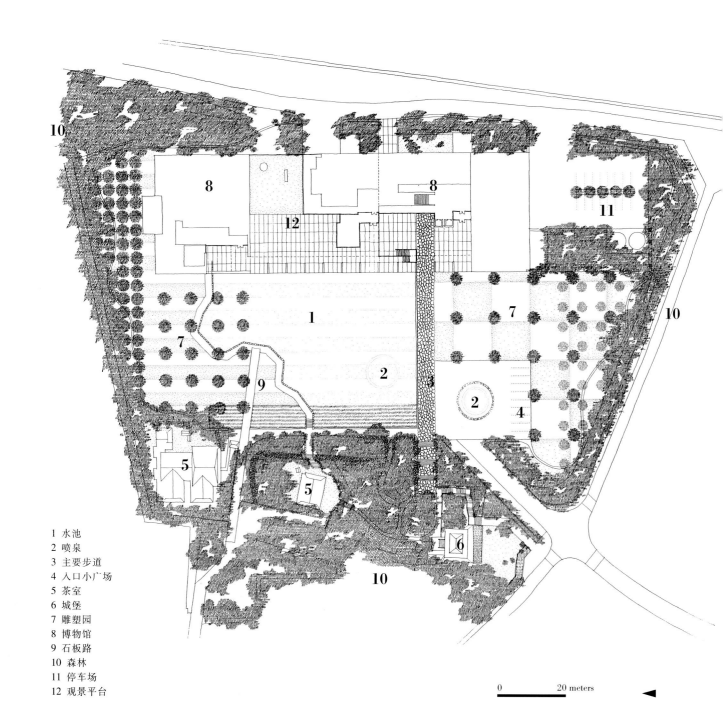

通向古老的茶室的新砌石台阶

入口与理查德·塞拉的雕塑

1 水池
2 喷泉
3 主要步道
4 入口小广场
5 茶室
6 城堡
7 雕塑园
8 博物馆
9 石板路
10 森林
11 停车场
12 观景平台

0   20 meters

新建的丰田市艺术博物馆的庭园和庭院为如何从历史的角度来表现艺术的发展问题提供一个缩影:在一个包括早期艺术甚至是古代艺术的环境里如何安置现代作品。工程的新旧建筑象征博物馆收集的各个不同历史时期的艺术品。它包括谷口公司承建的精细高雅的现代主义风格的博物馆新大楼、相邻的传统的茶室和庭园、一处古堡和树林。而丰田市艺术博物馆的园林设计则把这些分散的组成部分结合成一个整体。

为了处理这种困难的情况,彼得·沃克/威廉·约翰逊及其合伙人事务所的室外场地规划把互不相同但又互有关联的场地联系起来,在一个统一的整体内建立一个联系和对话。设计方案一方面用当代的视角来强调现代主义的建筑,一方面也珍惜保护早期留下的组成部分,保证各个部分之间都有实际的和历史的进入通道。

博物馆区平面包括花坛、铺装广场、水庭园、池塘和周边的树林,这一切都因简单的几何形式而显得井然有序。博物馆和古堡之间有两条石板小径:一条直接连接博物馆和古堡的入口,另一条则沿着湖边蜿蜒间接连接两地。作为对比,湖边一条斜插的石板路和湖边一道不规则的石墙出现在原来安排有序的平面上,缓和了结构中的规律性,体现出一个更加开放和包容的实体。

工程还必须对茶室庭园和古堡周围的庭园进行小心细致的修复。设计方案强调联系与结合的要素,自始至终都考虑到新旧之间对话的微妙关系:通向新博物馆入口处的人行道一方面按照新建筑的现代主义标准进行设计,同时又使用同古堡相一致的不规则形石板来铺砌。这些联系古今新旧的要素都经过了仔细的考虑,以便它们能够协调不同风格的建筑和庭园使他们在空间上有一定的自主性。

观景平台上的水池

大块石主要步行道

塞拉雕塑与雕塑园

摩尔和波莫多罗(Arnaldo Pomodoro)雕塑与庭园

喷泉水环

晚霞中的喷泉水环

小径、石墙和水池

雕塑园及其森林背景

互助人寿保险公司总部扩建工程
Principal Mutual Life Insurance Company, Corporate Expansion

地点:　　　　*Des Moines, Iowa*
委托人:　　　*Principal Financial Group*
建筑师:　　　*Murphy/Jahn, Inc., Architects*
园林设计师: *Peter Walker William Johnson and Partners*
完成日期:　　*1996*

1 喷泉/舞台
2 漫步道
3 咖啡座
4 大草坪
5 透光墙
6 坐憩庭园
7 岩石园

0　　　　　64 feet

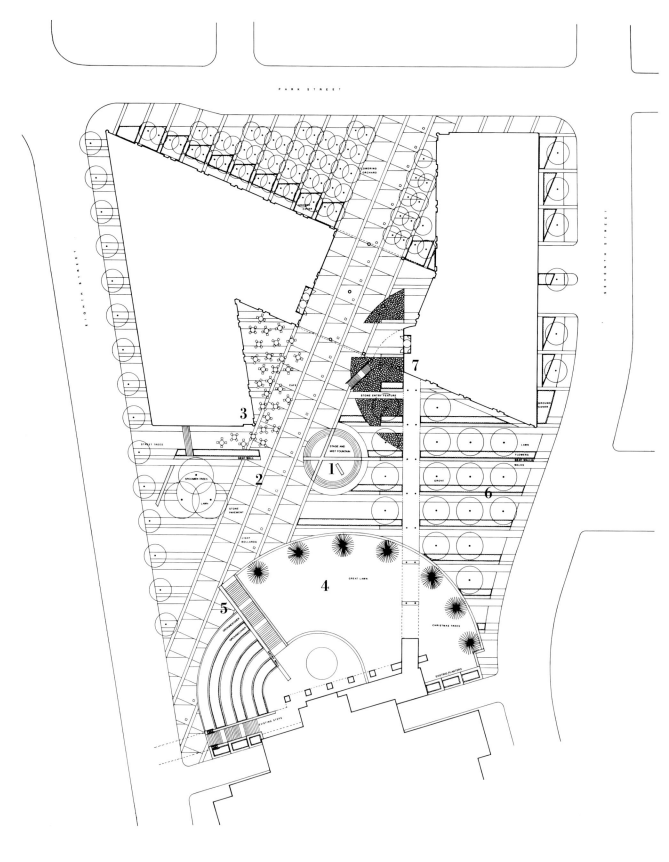

墨菲/扬公司设计的互助人寿保险公司总部扩建新大楼的广场由彼得·沃克/威廉·约翰逊及其合伙人事务所负责设计修建。最终将广场建成为一件由不同的质感、颜色、材料和空间形式构成的装配艺术品。拼贴设计包括一个用石板按几何图案铺成的广场和一个设计有花坛、草坪、栎树和石长凳组成的网格式庭园。这些几何图形的框架结构同城市原有的网格相对。在规划的中心有一个圆形玻璃舞台,一半在广场里一半在庭园里,简单而又直接的形式增强了整个设计方案的活力。不用作舞台时,表面便成了一座雾喷泉,喷出一阵阵飘浮的雾气,折射下面照射上来的光线。

坐憩庭园顶视

舞台与雾喷泉

与透光墙相连的大草坪

穿过建筑的广场通道

广场错综复杂的铺地

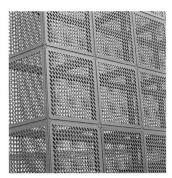

透光墙细部

透光墙

带有雾喷泉的舞台

播摩科学花园城
Harima Science Garden City

地点：　　　　　*Hyogo Prefecture, Japan*

委托人：　　　　*Hyogo Prefectural Government,*
　　　　　　　　Public Enterprise Agency

城市设计组：　　*A.D.H. Architects, Urban*
　　　　　　　　Design Team Coordinator

建筑师：　　　　*Arata Isozaki and Associates*

园林师：　　　　*Peter Walker William Johnson and Partners*
　　　　　　　　HEADS Co., Ltd.

照明：　　　　　*Lighting Planners Associates, Inc.*

街道装饰

和标记系统：　　*G.K.Sekkei Associates*

绘图：　　　　　*William Johnson*

完成日期：　　　*1993*

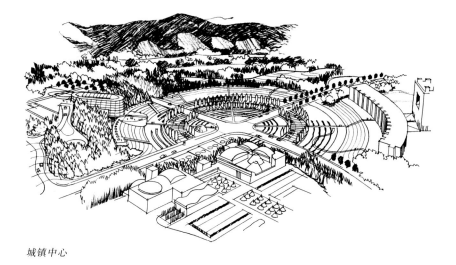

城镇中心

土地利用

- 居住用地
- 娱乐用地
- 市区
- 商业用地
- 工业用地
- 研究与发展用地

土地利用规划

由彼得·沃克/威廉·约翰逊及其合伙人事务所、矶崎新建筑事务所和其他一些人员组成一个城市设计小组，彼得·沃克/威廉·约翰逊及其合伙人事务所负责为占地5 000英亩的播摩科学花园城制定了一份总体规划。这个新城现在正在山地内侧山谷中进行兴建。这个山谷曾经受到破坏，许多树林被砍伐殆尽，恢复这一地区的自然景观便成了兴建这个新科学花园城规划思想中至关重要的部分。

矶崎新和彼得·沃克不仅根据工程的需要考虑了环境和技术问题，同时他们也把合作看成是一种艺术交流的机会。他们都认同要从历史和现代角度对场地和文化做出独创性的处理。未来的科学城中不仅有前瞻性的科研工作还要提供娱乐设施，这就意味着理念和技术必须统一结合。

作为城市实质的和象征性的轴线，城市公园用一个简洁的圆形突出了播摩科学城的主要道路交叉口和个性鲜明的居住、商业、机构和休闲部分。象征着城镇的中心，这个圆纯净的形式意味着让人们感受其空间的丰富。不论是从里面或外面、上面或下面、内部或周围、或者是环绕转动着，这个圆的几何图形让我们从它的形式本身感受到了它的力量。随着观察点的变化，我们面向的空间参照物也不断地变化。

在市立公园的内部和周边的一切活动都与休闲娱乐和户外活动有关。在强调形式的重要性的同时，这个娱乐区为城市的精神生活提供了一个中心。

正如原始活动要用地面上的圆来召唤魔力一样，在整个历史过程中艺术家们也都用圆来把自己的表达同宇宙的基本形式和力量联系起来。在地面上运用太阳和月亮的形状也反映并唤起这样的联系。

位于建筑基础部位的石墙与水池

蜿蜒于竹林之中的蛇形小溪

石墙与水池高差处理

较低的溪流水池

水池中用不锈钢镶边的柳林岛

石墙跌水

位于竹林边缘的蛇形小溪源头

蛇形小溪

高级科学技术中心
Center for the Advanced Science and Technology

地点：	*Hyogo Prefecture, Japan*
委托人：	*Hyogo Prefectural Government,*
	Public Enterprise Agency
城市设计组：	*A.D.H. Architects,*
	Urban Design Team Coordinator
建筑师：	*Arata Isozaki and Associates*
园林设计师：	*Peter Walker William Johnson and Partners*
	HEADS Co., Ltd.
照明：	*Lighting Planners Associates, Inc.*
街道装饰	
和标记系统：	*G. K. Sekkei Associates*
完成日期：	*1993*

从园墙看古典风格的庭园

停车场和"火山"园

1 火山庭园
2 日本古典风格的庭园
3 蛇形溪流
4 通向住宅区的桥
5 跌落的池塘
6 散步道
7 大学区
8 住宅区
9 会议中心
10 宾客住所

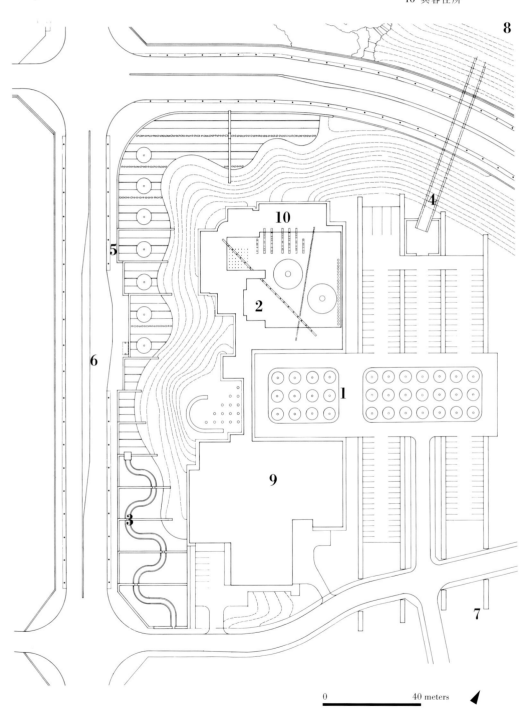

0   40 meters

与矶崎新为播摩高级科技中心(CAST)设计的具有标志意义的建筑物相呼应,CAST建筑周围的庭园表现出在公众艺术中少见的井井有条的安排和深思熟虑的智慧。沃克创造了一系列秩序井然的小草丘,它们看起来更像是舞台的布景而不像人们熟悉的庭园。同环绕播摩的苍郁群山相对比,这个"火山"庭园让人们看到的是一系列整齐划一、气氛庄严的规整小山丘,每个小丘上都装饰着一棵顶端点着一盏小红灯泡的柏树。

这个庭园不同寻常的地方在于它像变色龙般地善于变化:有的时候,它似乎是一些严格控制的稀奇古怪的东西,看起来就像是巨人的游戏场一样。它那纪念碑式的特点好像是供天空的观察者观看的一组神秘编码的符号。夜幕降临时,整个场地就成了一个神秘的黑树林,盏盏红灯既神秘又提供了人们用来辨认方向的光束。雾气袭来,挺立的柏树平添一派迷幻般的诗情画意,好像是画在空中的一系列线条一样。对这个简单的装置所作的多种解释使人们懂得人类是多么想通过一条线索,把原始洞穴的字画符号同这些复杂的空间图画连接起来。

另一座庭园坐落在矶崎新设计的建筑的内部庭园里。这个庭园的设计意图是供人们在那里进行静思冥想,然而它却如此引人入胜以至我们在观看研究它的构成部分时可以想像到穿过它那迷人的空间的情景。

这个庭园由一大片砂海构成,中间升起两座高山,一座是石山,一座是苔藓山,它们使庭园充满一种超现实主义的尺度。一小片竹林占据了庭园的一部分,薄雾徐徐从林中升起。石头和古木的汀步分割并穿过庭园地面。这种现代的表述反映出日本传统沉思庭园那种沉静的力量,同时通过它的尺度和精致高雅的构图展现出一种戏剧性的魔力。

播摩高科技中心庭园是沃克成熟作品之中的绝好范例。他对极简抽象艺术的爱好、对记录人类观察力的强烈愿望、对天地之间更加质朴和自然的联系的探索都显著地表现在这些作品之中。沃克在这里既取得了优越的品质,又保持了渗透弥漫于他所设计的经典庭园之中的那种超然的幽默感。

"火山"园

古典"山"园

古典庭园中的雾喷泉

石山与苔藓"山"

块石与条木汀步

抛光石"码头"

古老的条木和石块形成的线

石块与砂纹

麦克康奈尔基金会
McConnell Foundation

地点:　　　　*Redding, California*

委托人:　　　*McConnell Foundation*

建筑师:　　　*NBBJ Architects*

园林设计师:　*Peter Walker William Johnson and Partners*

预计完成日期:　*1997*

0　　500 feet ◄

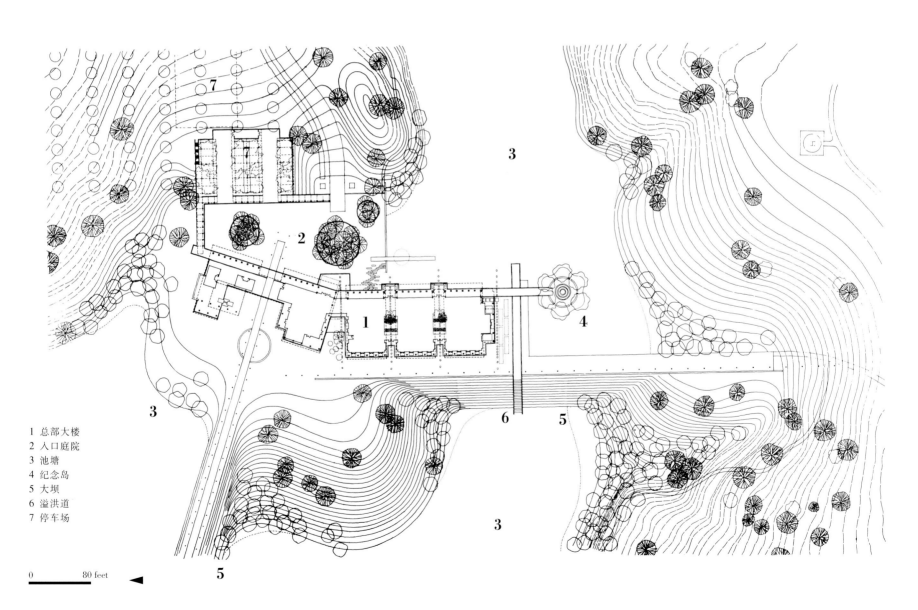

1 总部大楼
2 入口庭院
3 池塘
4 纪念岛
5 大坝
6 溢洪道
7 停车场

0　　80 feet ◄

加利福尼亚州雷丁市(Redding)麦克康奈尔慈善基金会的新总部坐落于雄伟壮丽的内华达山脉山脚附近的萨加缅度河谷(Sacramento Valley)的北端,占地150英亩。该项目为彼得·沃克/威廉·约翰逊及其合伙人事务所提供了一次重要的挑战和机遇。由于以前的取土和过度放牧,这个地方原来的生态美景被破坏殆尽。因此,修复地貌、恢复土地自己原有的潜质便成了重要的任务。

彼得·沃克/威廉·约翰逊及其合伙人事务所通过与总部在西雅图的NBBJ公司密切合作来恢复这块场地的完整性和活力。其工作包括恢复当地重要的草地和沼泽生态系统;对场地上的池塘进行排水和形态调整,修建小巧怡人的庭园作为这个可扩建设计的核心等。

这些工程都需要大量地移动土方和水(这样的任务与土木工程的联系更为密切,而不是园林工程)。除此之外,还要大规模地恢复当地的植被和林木。这一切都体现生态和艺术的协同作用,把几何的图形结构和恢复几乎完全丧失的自然美的工作综合地协调起来。工程的巨大规模要求生态、艺术和使用功能配合。

进入麦克康奈尔基金会总部的道路蜿蜒穿过一座柿子园,两旁的铁橡树和浆果鹃树蔚为壮观。车道终止处,前面是一条铺在砂堤上的两旁受湖水冲刷的石板路,直通一个石板广场。一到入口处,人们立刻便能看到在通向附近湖里的石砌码头末端有一座间歇雾喷泉。进入精心营造的环境后,迎面又是一个喷水池,池底的喷气口喷出的

气泡使池水显得生机勃勃。这种把水激活的思想来自于那3个天然池塘,把人造和天然融为一体。

坐落在几个池塘交会处的一排一层建筑物既规则又有乡野风味,水面、草地、整个景观和远处的山峦交相辉映。汀步石(从当地的小河床里收集来的)铺成的小径从池塘自东向西穿过建筑物内部直达草坪,为水体和土地提供一种概念和物质的联系,而这种联系正是设计的关键因素。

毗连建筑物的两道堤坝清晰地形成了一块具有中心夹角的基本几何图形,夹角之间用曲线地形填实,成为自然地形的延伸。一条喷泉溢洪道通过一条较小的成直角的渠道连接两个池塘,而溢洪道又与通向圆形纪念岛的一条较细的道路相交。在设计核心区之中的

几何形把一条橄榄树林阴道、一条立柱拱廊和3个圆形喷泉结合起来。这些圆形和交角在建筑物邻近的庭园里重复出现,形成一种设计结构上的递进关系,像戏中戏一样,增加了隐喻和象征性。

一条石板铺砌的人行道通向为纪念麦克康奈尔基金会的创办人而修建的纪念岛。岛上庭园有一片平坦的草坪,四周落叶松和圆形矮墙环绕,黑色抛光花岗岩与宁静的水面交替形成圆环,其中心设有一个中央喷泉,喷泉由几圈向心圆组成,此处是一个宁静、沉思、亲切的空间。

这些明确的设计要素在有机生长的大环境中保持了"形",使麦克康奈尔基金会总部成为将自然与艺术家的"心"和"手"相结合的产物。

与总部大楼相连的重建大坝

主坝与溢洪道

有三片池塘的场地现状

创建者纪念岛

上游水池边的总部大楼

发电站
Power Plants

地点:　　　 *International Garden Festival*
　　　　　　 Château Chaumont-sur-Loire, France
园林设计师: *Peter Walker William Johnson and Partners*
　　　　　　 Charles Dard Paysagiste, Paris
主办人:　　 *Conservatoire des Parcs et Jardins et du Paysage*
临时安装:　 *1993*

1　太阳能电板
2　沙滩椅
3　向日葵
4　荧光灯带

彼得·沃克为 1993 年在法国卢瓦尔省的肖蒙城堡举行的国际庭园节设计了一个一眼就能看出其巧妙的双关意义的庭园。在一块种满向日葵的地里,每隔一定的距离设置一块砂砾铺地,上面安放着一张条纹图案的草坪躺椅,而每张躺椅后面都有一块太阳能电池板。在这种直观性和隐喻性的双关语中有层次地体现了日光浴、太阳能的收集和传播分散以及向日葵生长的含义与联想。然而,这个庭园更重要的意图却是努力表现自然和技术相辅相成的关系。太阳能电池板还为设计中的各组成部分的中央荧光灯管提供电源,既照亮了庭园,也把游人的目光吸引到庭园的中心来。

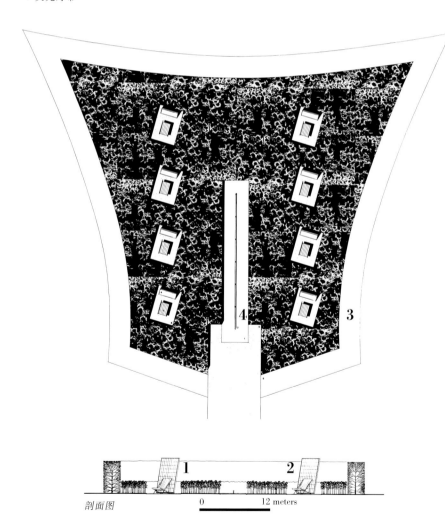

剖面图　　0　　　　　12 meters

太阳能电板供电的荧光灯

太阳能电板与沙滩椅

太阳能电板

向日葵和太阳能电板

地球表面
Ground Covers

地点: *Escondido, California;*
          temporary installation for
          "California: In Three Dimensions" at the
          California Center for the Arts Museum

园林设计师: *Peter Walker William Johnson and Partners*
临时安装: *1995*

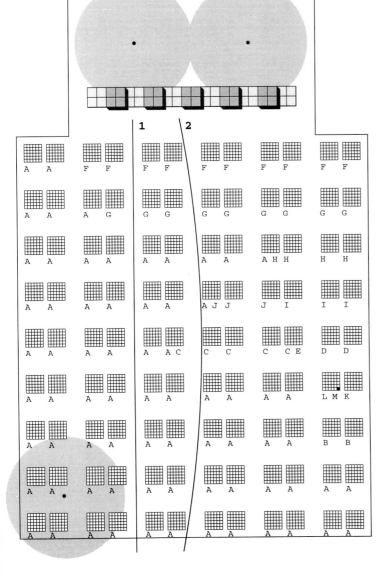

在考虑彼得·沃克设计的园林时,有关造园的传统思想最好先搁到一边,以便能够在更广大的范围内理解园林作为艺术创作载体的作用。沃克用于创造可见的园林景观的艺术语汇集中在形式和传统秩序之中,同时也表达了我们认识到更大的环境并且与之相联系的普遍愿望。

1995 年夏季在加利福尼亚州埃斯孔迪多的加利福尼亚艺术博物馆中心举办了一场"三维中的加利福尼亚"展览。沃克为此设计的"地球表面"是一个具有场地特点的装置艺术品,由一系列规整的平面组成的视觉系统,这是一系列的浅苗床,其内容再现了地球表面覆盖物的真实比例:咸水和淡水、冰、树林、沙漠、草地、花园、农田和城区。这些种植单位的整体布置显示出它们自己固有的韵律节奏和模式,同时对我们的环境构成这个问题提出了一些惊人的结论。两条混凝土块铺成的线条分割了这个平面,其中一条代表地球的实际曲率,另一条则从侧面表现扩大许多倍的同一曲率。

"地球表面"体现了以视觉、生态、现象学和哲学为基础的线索,提供了一种对于地球状态和我们与环境关系的整体评述。这个作品的明确意图是对这些观察结果进行描述,同时通过一种传统的组合花园的形式表现出来,以便参观者能够在那里漫步,并对自然本身以及我们按照自己的意图创造的自然的现实和理想去进行思考。

A	咸水	67.0%
B	被油污染的咸水	1.2%
C	淡水—冰	3.2%
D	淡水	2.0%
E	被污染的淡水	0.3%
F	沙漠	9.0%
G	森林	8.3%
H	草地	3.0%
I	农业	3.0%
J	农业—荒芜与地力下降的土地	2.0%
K	城市	0.52%
L	城市—工业废弃地	0.46%
M	庭园与公园	0.02%

线"1"表示地球的实际。
线"2"表示地球剖面放大 190 240 倍后的真实地表与微缩地表的比例为 15 125 760 000:1。一个 3 英寸的种植块约等于 50 740 平方英里的实际地面。

```
0                    11 feet  ▲
■■■■■■■■■■■■
```

博物馆前摆放的小方块阵

小方块阵与坐凳

新加坡表演艺术中心
Singapore Performing Arts Center

地点: *Singapore*

委托人: *Government of Singapore*

建筑师: *Michael Wilford and Partners, Ltd., London*
D.P. Architects PTE, Ltd., Singapore

园林设计师: *Peter Walker William Johnson and Partners*
Clouston, Singapore

方案设计日期: *1994*

彼得·沃克/威廉·约翰逊及其合伙人事务所与伦敦的 Michael Wilford and Partners 和新加坡的 D. P. Architects PTE 有限公司合作为在新世纪初开幕的世界水平的新加坡表演艺术中心丰富多彩的文化社区进行了一份控制性的详细设计。

该中心位于沿新加坡市区及其滨水区保护绿地的边缘,连接了这个古老又现代城市的重要地区。中心明确的任务是为亚洲文化中交汇于新加坡的新老艺术提供一个聚会场所。

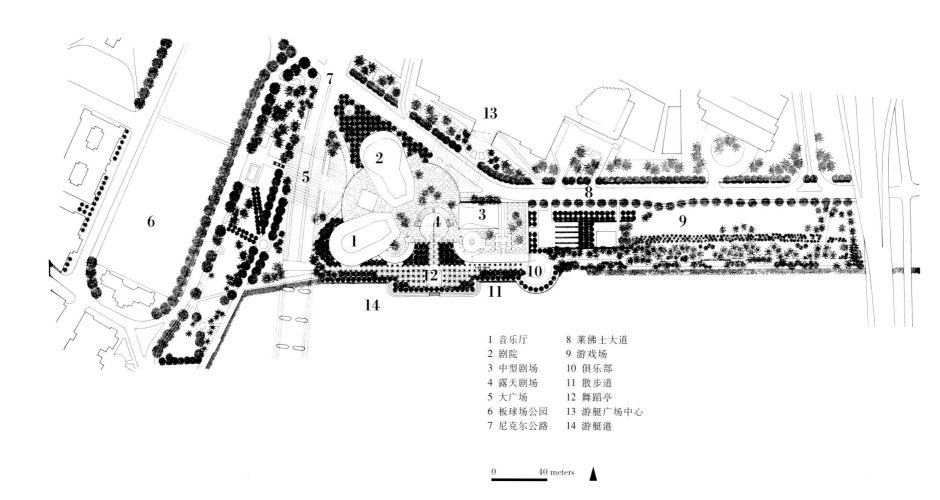

1 音乐厅	8 莱佛士大道
2 剧院	9 游戏场
3 中型剧场	10 俱乐部
4 露天剧场	11 散步道
5 大广场	12 舞蹈亭
6 板球场公园	13 游艇广场中心
7 尼克尔公路	14 游艇港

0   40 meters

景观与庭园设计的复杂性反映了新加坡历史上政治和文化的错综复杂和交汇融合。同时设计对室内外能量和空间的充分综合利用，拓展了建筑物的使用功能和美学价值。

这个规划代表了彼得·沃克不断发展的设计思想的新阶段：规整式设计不仅作为有序安排和转变换位的手段，同时也是最终创造一个更加神秘天然的环境的手段。在这个城市庭园的三维矩阵内，由棕榈或诺福克岛松高耸的树冠层构成了上层网格，中层是繁花点点、绿叶成阴的肉桂树，而地面则由切割做工精细的巨大的圆形花岗岩铺砌的图案，它同间植的萋萋芳草和小卵石铺成的内部道路系统一起形成了一幅有质感的地毯。矩阵内的每一个元素在园林设计总体韵律节奏的激发下，以形象而有形的跳跃形式同各个不同的网格和建筑物相互作用，构成自己各具特色、综合复杂的内涵。棕榈树高耸挺拔的身姿倒映在港湾边表演厅的玻璃幕墙上，从视觉效果上扩大了沿着海滨广场的原有的绿色公园并直达殖民地时期的克里基特菲尔德公园（Cricket Field Park）。直径15英尺的石板突出于地面，为游人提供了坐位，而一系列的石墙围合的倒影池都重复了这种形式。

草地和卵石发挥了多重的作用，它们既创造出了自己精美雅致的图案，又可为潜在的活动提供场地。游人在草地上漫步，不经意地踩出一条不规则的小径，与设计中那些规则的构成部分形成对比。

继续在中心的体验，可以发现在汽车入口的高度可以看到一片不锈钢棍棒林，每一根棍棒都闪现出一个小光点，同建筑顶棚下的光点图案完全对应。夜晚，这个平面发出点点迷人的闪烁灯光，欢迎客人，并把顶棚上的光线延伸到林阴道的对面，而后再回到每一幢建筑物的大厅中。

规划中的最后一项是把卵石草皮地面扩展到大厅之间的屋顶露台上，这些露台不仅成了生机勃勃的绿色散步场所，同时也增加了表演以及瞭望港湾和城市美景的场所。

高大的棕榈与低矮的合欢林

诺福克岛松与低矮的合欢林

抬高的石圆盘坐凳及其上两层树冠组成的林阴

两种果树组成的规整密林

浓阴中的石坐凳区

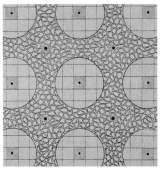

石盘坐凳、卵石和草铺地

斯特拉劳广场公园
Stralauer Platz Park

地点: *Berlin, Germany*
委托人: *OPUS Corporation*
建筑师: *Murphy/Jahn, Inc., Architects*
园林设计师: *Peter Walker William Johnson and Partners*
预计完成日期: *1998*

沿斯比利河的公园散步道

柏林墙片断

在德国柏林重新统一后进行的一次竞赛中,墨菲/扬建筑公司和彼得·沃克/威廉·约翰逊及其合伙人事务所为斯特拉劳广场的一幢建筑物以及附近的一座纪念公园(原址是一片废置的荒地)进行了总体规划。

赫尔穆特·扬为这幢建筑物所作的设计充分体现了旨在推动柏林走进 21 世纪的许多举措,它为一个一心想要重建自己形象的城市提供了一个重要的建筑方面的表现。

墨菲/扬设计的雄伟建筑物是一幢玻璃外墙的透明展览馆,靠着街道和流经柏林的斯比利河(River Spree)。展览馆被设计成一个巨大的纺织车轮状,以结合周边多维的环境,它面向一个把街道与河流连接起来的十字轴广场,并为附近火车站的乘客提供通道。

该项目的园林设计由两个互相联系但又互不相同的庭园组成,其中一个直接同墨菲/扬的建筑相连,另一个则是一个绿色大公园。一连串四个倒影池如同起始主题句从大楼广场开始,延伸穿过主体建筑和它的大中庭,一直通向远处

1 斯比利河
2 喷泉
3 散步道
4 广场
5 冬园
6 游乐场
7 柏林墙
8 电车桥
9 露天剧场
10 火车站
11 船码头

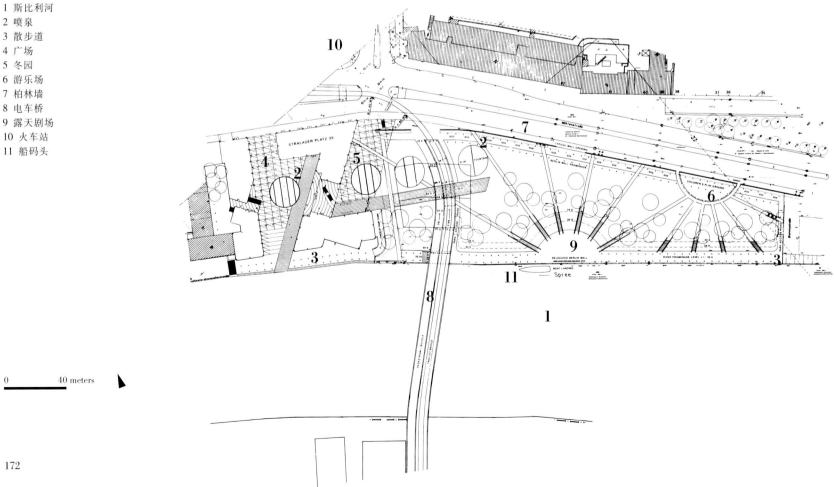

0   40 meters

的河滨绿地公园,把各个不同的开放空间连接起来。每一个水池里都有一组设计成现代几何雕塑的喷泉。池底铺垫着花岗岩石块,反射来自内部、外部的光线以及建筑物和天空。

建筑物中庭中另有一个石头露台,向外延伸形成一条游廊通向公园,它那大台阶一直可以通向斯比利河。冬园广场地面铺砌着雅致美观的图案,用材丰富多样,色彩鲜明艳丽。其中56米高的玻璃墙围合成了一个广场,可供进行各种非正式的文化活动。

恢复斯比利公园是园林规划中激动人心的组成部分。这个公园是柏林一处较大的开放空间,过去同荒凉的柏林墙相邻。虽然这堵墙的大部分现在已经不复存在了,然而公园却保留了一段250米长的残墙以纪念柏林不久前的分裂历史。墙的一段将被重置,横越公园直达河滨,在那里它将成为许多交叉轴线的聚焦点。这些交叉线是两组互相毗连又相对的辐射线,穿过公园并连接全部地区,同时形成一系列各具特色和功能的独立场所如儿童游乐园、运动场等。

公园沿直线延伸扩大,从柏林墙直达斯比利河。这里有宽敞的散步场地,还可以向西眺望城市。设计还包括一个通向河滨散步道的起伏的缓坡草坪。沿河还修筑了一道加高的观景堤,河边还有一个集会场所,这里阳光普照、绿树成阴,构成了一个实用、美丽而又涵义深远的纪念公园。柏林墙公园为个人和集体的纪念活动提供了一个聚会场所,成为20世纪历史演变强有力的象征。

公园中的元素提供了治疗及启示的功能。墙上遗留的各种绘画成了一个历史画廊,个人流畅奔放的涂画表达了那些生活受到错综复杂改变的人们的感情。而这一切都是这堵墙和当时的政治气候所造成的结果。

沿着河滨散步广场的防波堤还修建了一个游船码头。计划中将把这个散步广场修建成一个绿树成行、光线明亮可以沿河向两头延伸的游廊。从这个铺满碎石子的散步广场可以眺望观赏公园的上游和奔流的河水。

散步道　　　　露天剧场　　　　　　　　　　　开敞大草坪　　　　　　　柏林墙　街道

0　　　　　　　10 meters

公园剖面图

坐憩区

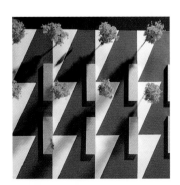

几何形拼花的石材铺装、排成网格状的树及坐凳

内部照明的玻璃与不锈钢坐凳

21 世纪大楼和广场
21st Century Tower and Plaza

地点： *Shanghai, China*

委托人： *Shanghai 21st Century Center Real Estate Co., Ltd.*

建筑师： *Murphy/Jahn, Inc., Architects*

园林设计师： *Peter Walker William Johnson and Partners*

方案设计日期： *1994*

1 停车场
2 大厅
3 入口步道
4 银行
5 广场
6 斜坡
7 下车处
8 街道

0   12 meters

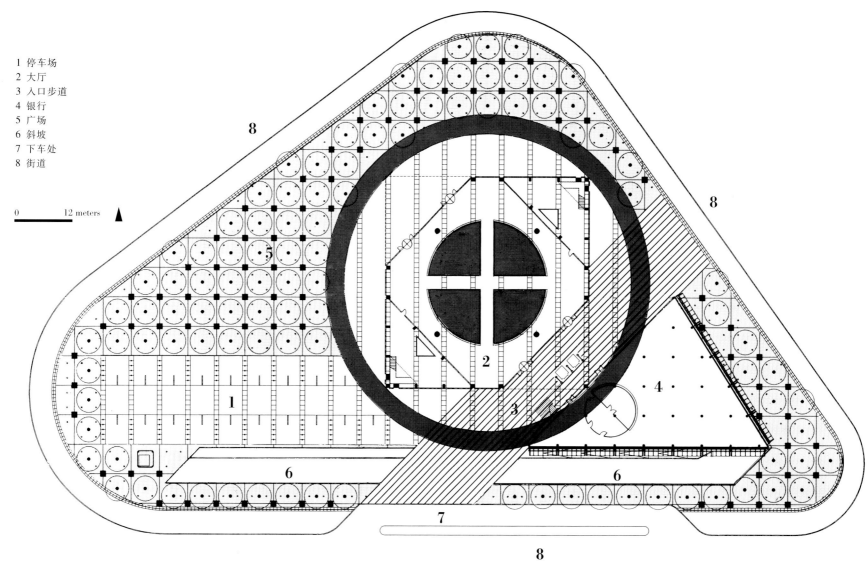

墨菲/扬设计的中国上海 21 世纪大楼和广场的内广场和外平面设计的核心是一个基本几何图案。同这一简单的几何图形结合在一起的超现实主义因素增添了设计的特点和吸引力。该设计对大楼的规模大小、建筑材料和表面装饰进行了综合考虑，并把广场作为大楼的雕塑底座。而环绕这个建筑场地的宏伟的城市街道网格则进一步强调了这种关系。

一个大圆环绕大楼底座，设计方案创造了一幅由多种不同的肌理和色调组成的拼贴图案。大楼和内广场水平面落在白石板构成的圆面上，这些石板条纹从外部延伸到里面，深灰色卵石铺成的宽宽的通道把圆周进一步勾画了出来。

在一个汽车入口处，一系列狭窄的金属条带从另一铺装上成对角线穿过，把大楼的大厅入口处同邻近的一幢建筑连接起来。广场的铺装是一批带有孔眼的铝质预制件，通过它把设计中的其他网格统一起来。安置得很巧妙的黑色无光泽正方形花岗岩坐凳强化并解构了几何图形，使整个环境的边边角角似乎都生动活泼起来。这种做法创造了一种异乎寻常的可能性，把天然的和人造的因素结合起来，微妙地把客人的注意力吸引到不寻常的空间感觉上来。带有孔眼的预制铺装上栽了大批水杉并放置了白色金属护柱，创造出一片奇异的连续不断的丛林。具有生命的树干都刷成白色，与同样也刷成白色的护柱相映照，形成一种人体尺度上的垂直视觉密度。树和柱子的关系是人们司空见惯的，也是经常利用的，但是却很少夸张。在这儿，这种关系表现了人们对于这个多层工程特殊的空间和结构的敏锐认识和感知，使客人感到自己站立的形式也成了设计的一部分。

一道斜矮墙通到下面的停车场。广场的另一个停车区被设计成拼贴图案的一部分，这里的地面是由暖灰色卵石和白色石板交替铺成。这个停车场也竖有反映设计基调的白色金属护柱，既起了划分车位的作用，也使城市树林的感受得到了延续。

自行车防备柱及网格状的树林

石凳及短柱

金属铸件铺装及白色短柱

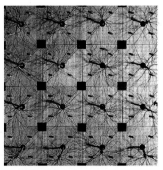
反光铝制铸件铺装

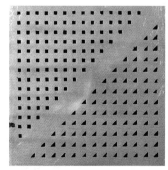
铝砖

大山训练中心
Oyama Training Center

地点：   *Oyama, Tochigi Prefecture, Japan*

委托人：   *Tokio Marine and Fire Insurance Co., Ltd.*

建筑师：   *Kunihide Oshinomi, Kajima Design*

园林设计师：   *Peter Walker William Johnson and Partners*

完成日期：   *1995*

木圆盘及中心照明

1 训练中心
2 城堡园
3 停车场
4 入口
5 演讲厅
6 "农家"园
7 杨树篱
8 绿篱

0   20 meters ▶

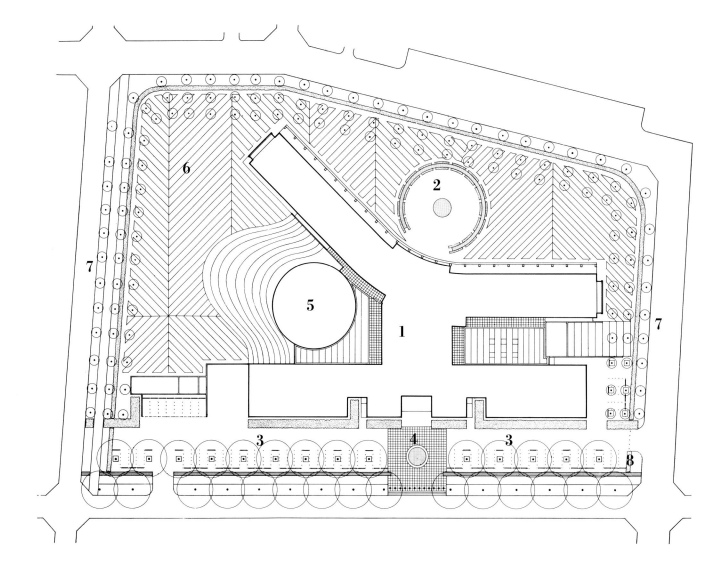

位于东京郊区的大山训练中心坐落在一片历史上的农业区。可岛建筑公司的忍海邦秀建筑设计与彼得·沃克/威廉·约翰逊及其合伙人事务所的园林设计相辅相成,创造了一片实实在在的绿洲,使人们在当代的城市景观中回忆起过去的农业时代。建筑设计由两幢附联式的大楼组成,主体建筑的精细线条与弧形侧厅的弯曲部分形成空间对比,象征粮仓的曲线结构和屋顶。这些建筑既提供了与历史文化的联系,也展现了现代建筑的观念。

沃克的设计表现出许多学科和启发他灵感的历史线索之间的联系。当然,景观设计中的不同部分都反映了与俯瞰耕地面貌的直接联系。这座庭园的图案展示了农民在自然地貌上有意作出的标记的熟悉形象。庭园里由草皮和砂砾构成的许多"田地"的内部图案,包含由直线、之字形和辐射形构成的各不相同的形式,这些形式既反映古代的基本装饰图案,也表现诸如斯特拉、詹森和约翰斯等艺术家的当代绘画作品。

沃克把一批普通而又神秘的庭园成分注入整体序列的形式,并将它放于总体图案之中,使庭园既美观又适用。

规划着意把这整个场地建成训练中心的别墅庭园,环绕整个场地设计了3条幽静的杨树林阴道,既把中心与社区分开,又使它们可以互相通视。

入口庭院是一个石板铺砌的正方形庭园,其中由一方形平台、灯光勾画出了它的轮廓,上面安置着一个巨大的木雕圆盘。在这块鲜红的木雕圆盘中心雕琢出一个孔洞,深紫色的灯光从洞中射出。在另一区域,由修剪整齐的树篱组成的双曲线构成一个既开放又有所隐蔽的圆形空间。树篱之间有一个若隐若现的水池,中心安装了一个喷泉。

东京大山海事训练中心是表现沃克杰出才能的范例,他在对建筑物的力量和意境以及环境特性做出回应的同时,巧妙地结合了庭园的艺术概念和功能价值。

植草皮

草地及砾石网格

春

夏季的草地

秋

城堡园及树篱间的水池

城堡园及中心喷泉与树篱

新英格兰水族馆
New England Aquarium

地点:　　　　　*Boston, Massachusetts*
委托人:　　　　*New England Aquarium*
建筑师:　　　　*Schwartz Silver and Associates*
园林设计师:　　*Peter Walker William Johnson and Partners*
预计完成日期:　*2004*

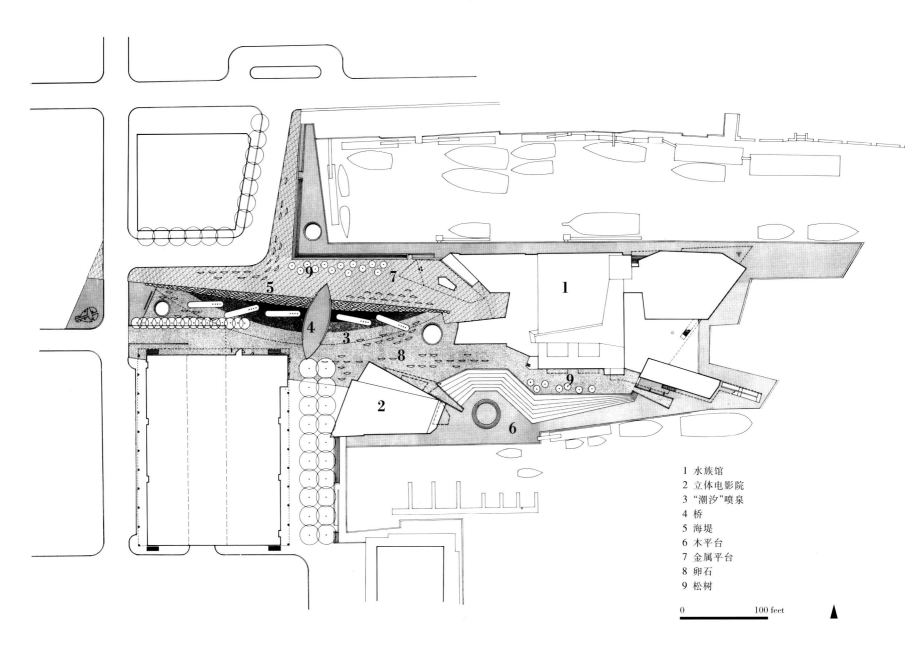

1　水族馆
2　立体电影院
3　"潮汐"喷泉
4　桥
5　海堤
6　木平台
7　金属平台
8　卵石
9　松树

0   100 feet

新英格兰水族馆广场是一项公共委托项目。彼得·沃克/威廉·约翰逊及其合伙人事务所倾注全力要把它建成一个让参观者都能经历一次奇妙体验的地方。

水族馆广场位于波士顿港边沿地带，与其他著名的公共场所如法尼尔厅（Faneuil Hall）和大屠杀纪念馆（the Holocaust Memorial）等相毗邻。整个环境交通繁杂，来自世界各地的游客车来人往。

这个地方创造性地回应着公共广场的各种要求，供大批人群聚集的露天"甲板"区，它反映出了多种主题：包括对船只的想象、抽象的鲸以及海上冒险的隐喻，同时又提供了供游人寻幽探胜的僻静所在，人们可以在那里约会、休息和玩耍。这个广场扩展了水族馆给予人们的感受，可能是公司近年来最具有说服力和影响力的作品。在金属铺面的平台上走动所发出的响声就像在现代的轮船甲板上的脚步声一样，而一条延伸到港口的木板人行道则使人联想起早期的远洋轮船。按时缓慢涨潮退潮的喷泉水池向黑暗岛屿上仿真的海洋哺乳动物和潜艇周围喷水。花岗岩海堤迭现出滨海区生动热烈的气氛。开阔地的桥梁和不断喷水的铝质水管增强人们富于想象的体验，仿佛透过甲板上舷窗式的窗口人们可以一窥海底世界。

精心设计水族馆成为人们从日常生活世界中过渡到神秘而美妙的自然的一个转折点。

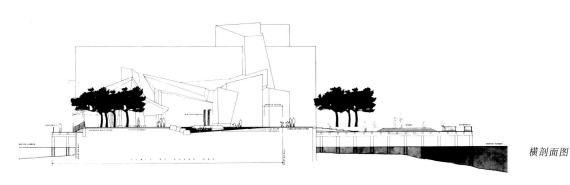

横剖面图

0   30 feet

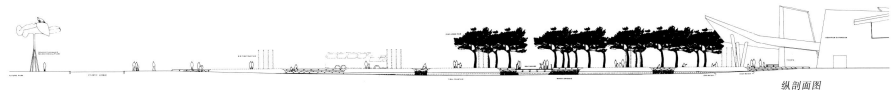

纵剖面图

规整块石铺地

木平台

金属平台

柏林索尼中心
Sony Center Berlin

地点：	*Berlin, Germany*
委托人：	*Sony Corporation*
建筑师：	*Murphy/Jahn, Inc., Architects*
工程师：	*Ove Arup & Partners*
园林设计师：	*Peter Walker William Johnson and Partners*
预计完成日期：	*2000*

1 索尼广场
2 咖啡座
3 挑台水池
4 电影庭院
5 步行街道
6 索尼庭园
7 游戏场
8 车站

0　　　　200 meters

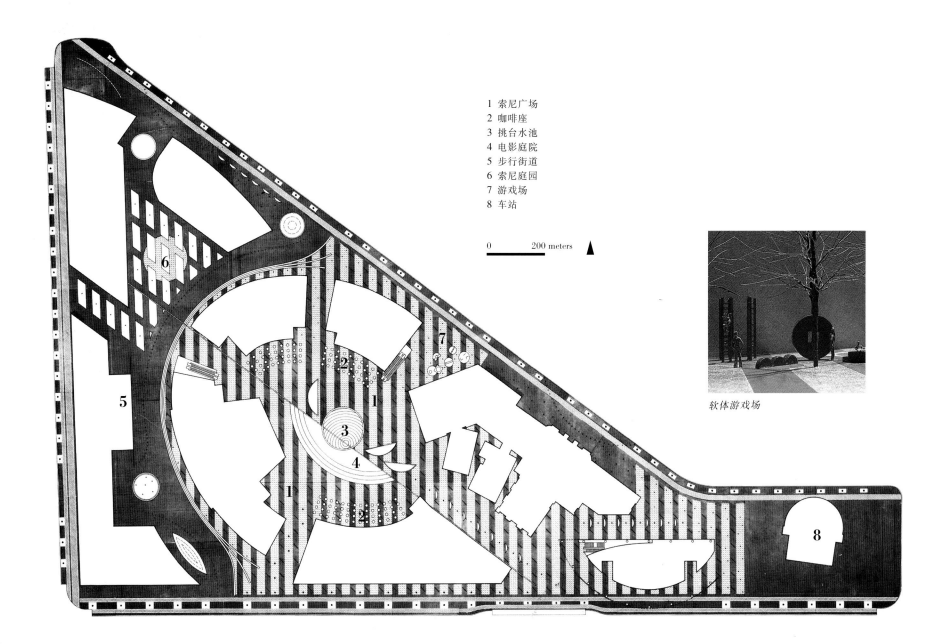

软体游戏场

墨菲/扬建筑公司与彼得·沃克/威廉·约翰逊及其合伙人事务所合作为索尼公司柏林中心所做的设计在柏林墙被撤除后早期的竞赛中赢得了胜利。这一设计提出了许多独特的物质上和思想概念上的挑战,帮助限定并阐明新的自由的柏林的物质面貌。除了深远与强大的政治影响之外,柏林仍然被公认为具有明显特点的典型欧洲城市,由于其文化特色而成为艺术和思想的荟萃之地。

索尼公司柏林中心位于波茨坦宫附近。赫尔穆特·扬与彼得·沃克合作进行的规划是21世纪现代化城市广场的范例。柏林独特的历史、物质和文化特点都被仔细地融入到规划之中。

中心的屋顶是一个由钢缆支撑的巨大的玻璃和钢制顶棚,三面都有露天入口通向卵石铺面的街道和人行道。条纹图案的铺地限定了中心的基本界限。它既继承了柏林传统的卵石铺地,又用铝制长条板同卵石相间铺成。而这些新的金属长条铺装本身又有光亮的相间条纹,增强了活力和节奏。

广场内林阴道两侧和条纹铺装地面上都成行地种植了椴树(柏林传统的行道树),进一步加强了外部街道同新的内部广场之间的联系。不规则种植的植物从北面延伸到现存的蒂尔庭园(Tiergarten)(这是铺装地面下一座收集污物污水的技术先进的地下建筑)。

中心广场设计的主要内容是建立起下层和广场层的联系,而这种关系则是通过受抽象的构成派造型艺术影响的布局表现出来的。沃克的动感设计借鉴了包豪斯学派的艺术家如加博(Naum Gabo)和莫霍伊-纳吉(László Moholy-Nagy)等人三维活动作品中形式和空间交叠的手法,通过几乎处于场地中心的一块巨大的新月形空地把上下两层连接了起来。一个圆形水池从广场层面延伸到开辟出来的新月形场地,相同的弧形悬挑在空地之上。一片跌落成三层的弧形树篱成波纹状从水池向外扩展。三片不锈钢镶边的半月形种植坛里栽植了一色的花卉,环绕于中心水池。这种布局的动态形式最终成为一条既连接又分割整个中心场地的发光玻璃管。从上往下,可以看到各种各样的饮食摊点环绕在这个中心作品的周围。

随着游人观察角度的不同,这块活泼而又棱角分明的巨大场地的方向和大小似乎也在不停地变化。这种令人放松的空间使人们的视角重新回到德国现代主义设计的原点,并面向新的21世纪。

带有悬挑水池的构成主义庭园

电影庭院天井开口

从地势较低的电影庭院仰视

条凳、踏步状绿篱和水池

带有45°斜向照明的金属板与石块拼嵌铺地

爬满长青藤的金属"绿篱"

金属与石块拼嵌铺地上的露天咖啡馆

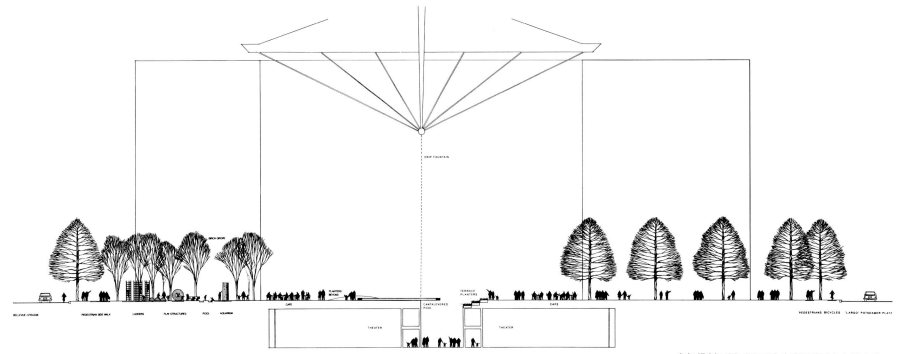

广场横剖面图可以反映玻璃"顶棚"和电影庭院

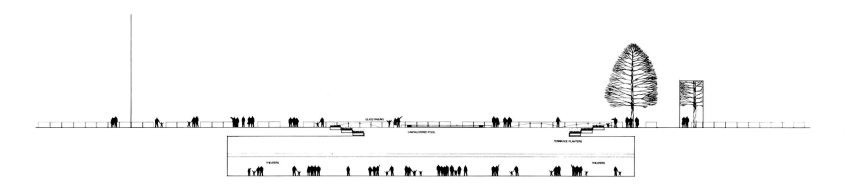

纵剖面可以反映发光玻璃护栏和电影庭院

0　7 meters

中国工商银行
Industrial & Commercial Bank of China

地点: *Beijing, China*
委托人: *Industrial & Commercial Bank of China*
建筑师: *Skidmore, Owings & Merrill, Architects*
园林设计师: *Peter Walker William Johnson and Partners*
预计完成日期: *1998*

彼得·沃克/威廉·约翰逊及其合伙人事务所的北京工商银行庭园设计源自于一个古老的思想:圆形的城市中心位于正方形的保护墙中心，这正与SOM建筑公司设计的建筑大楼相呼应。庭园四角是由黑白两色石块铺砌的装饰性小竹园，它们把庭园围合了起来。庭园的主体部分是一个中间种满了鲜红罂粟花(周围环绕着修剪得矮矮的红色树篱)的直径达360英尺的圆。无风的时候,它像是一块完整的平地;有风的时候,罂粟花不停地摇曳飘拂,显现出茫茫一片鲜艳夺目的色彩。这个情调热烈的设计改变了整个空间的气氛,引起我们对圆及其象征意义的思考。这茫茫一大片红色随着季节的变化而变化,把艺术的概念和想象的平衡同自然事件和自然现象相结合,体现出园林艺术的独特品质和可能性。这种艰难而又至关重要的结合正是园林艺术的风险、前途和激情相融合的关键所在。

1 红色圆形花坛
2 黑白铺地的竹园
3 入口水园
4 停车场
5 入口广场
6 游戏场

0 ⸻ 36 meters ▲

崎玉空中森林广场
Saitama Sky Forest Plaza

地点: *Saitama Prefecture, Japan*
委托人: *Saitama Prefectural Government*
设计组: *Peter Walker William Johnson and Partners*
Ohtori Consultants
NTT Urban Development Co.

预计完成日期: *2000*

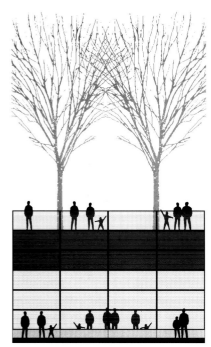

可以看到土层的玻璃墙

日川神祠

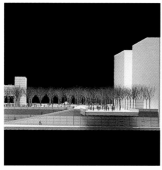

广场和面向街道的大台阶

1 餐饮大楼
2 下沉广场
3 草坪
4 自动扶梯
5 电梯
6 喷泉/跌水
7 条凳
8 桥

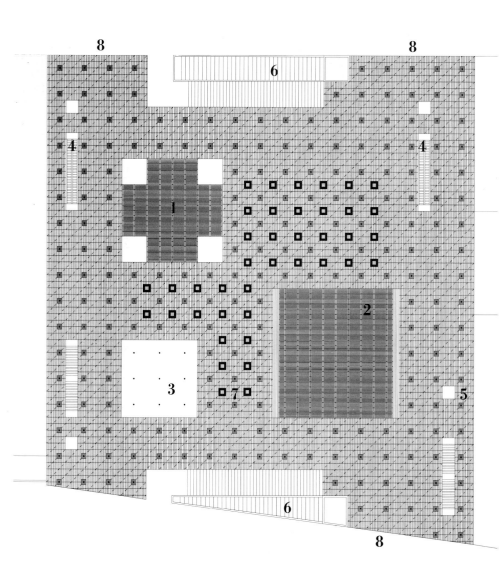

为崎玉广场兴建的空中森林体现出科学、技术和艺术激动人心的辉煌成就。设计方案不仅是要表现未来城市中心的面貌、反映它的历史,最主要的是要应用新技术来移植和改造自然。

崎玉广场和新露天剧场是崎玉新商业区城市规划的核心,位于东京以北崎玉县 3 个城市的交会处,从前是一个火车站。古老的榉树林阴道使它同倍受崇敬的神祠相连。这个新商业区将疏散从前集中在东京的大量交通运输和政府活动,并为这个城市和县的居民创造一个美丽而又高度自给自足的城区。规划包括一个完善的交通运输网络,把新中心同东京和其他主要城市连接起来。目前位于东京的 17 个政府机构也将搬迁到这里来。

崎玉空中森林广场是一个巨大的人造庭园,它的基本构造思想是隐喻而实际地将一块方形土地移植于具有多功能基础设施的城市网络中心上,创造一块自然之地,免得这块地方看来同将自然视作生活表现的文化根基完全脱离。

规划包括两个主要层面:街道层面和高出 27 英尺的广场层面。在中心广场庭园巨大的厚土层上栽种了 200 多棵光叶榉树,创造出一个悬空的森林。这一大块泥土的边缘由特殊回火加工的玻璃板围合,使人们能够直接看到里面独特而奇异的农业系统。为这个工程专门装配了一套利用水培技术的高级生态设施,以利这些城市植树生长、排水和抗病。

树林地面由不锈钢板铺成几何图案,铺地间深色的光叶榉树树干与支撑广场的网格结构的建筑立柱相呼应。广场的金属"地面"发挥了技术薄膜的作用,反光的表面覆盖住了泥土表层,但从侧面又可以看到。为了使节奏轻快,场面活跃,铺地下成对角线安装了交叠的灯光。除此以外,在广场层的整个地面内还有其他一些附属的功能和结构设施,其中包括一个铺有层压水泥和玻璃面板的下沉广场、明净的玻璃扶手和一系列木头和玻璃坐凳。所有这一切都增加了视觉动感,同时在这个重要的城市广场为人们提供了进行相应活动的场所。

坡道、楼梯、电梯和自动扶梯系统把街道层面和广场层面连接起来,两层间交叉流淌着玻璃底的叠泉,使得整个景色更为壮观。这种新技术与传统的榉树一起以视觉形象来象征现代社会与备受尊崇的历史关系。这种新旧结合的复杂性反映在设计的层次规模上,互相包容成为这个地区精神的基础。

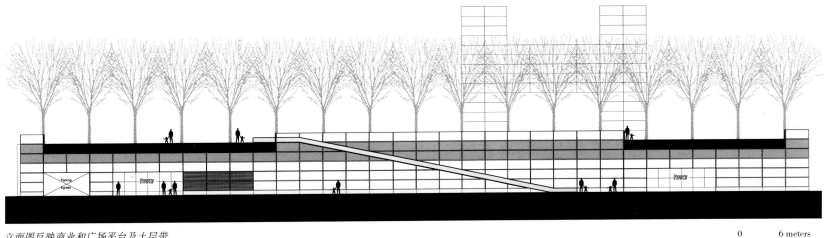

立面图反映商业和广场平台及土层带

0   6 meters

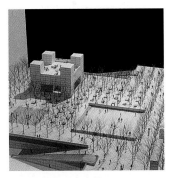

空中森林与酒店大楼

大台阶

草坪

不锈钢格网状铺地

沃克家族墓园
Walker Memorial

地点: *Mendocino, California*
设计师: *Peter Walker and David Walker*
草地顾问: *John Greenlee*
完成日期: *1995*

0 ——— 20 feet

LANSING STREET

MEMORIAL

FUTURE SITES

FUTURE SITES

彼得·沃克与儿子兼合伙人戴维·沃克在可以俯瞰加利福尼亚州的门多西诺(Mendocino)的山坡上为自己的家族修建了一座阶梯式的纪念陵园。墓园在他们家族的周末别墅附近，北面背靠林木苍郁的小山，越过城里一排排的屋顶向西和向南可以远眺加利福尼亚州崎岖的海岸。墓地的设计思想是要把它建成一个家族成员感到熟悉而亲切的地方：适合步行、逗留、清净舒适的地方。墓园是经过深思熟虑营建成的一个美丽而宁静的地方，既有自身的特色象征，又与周围更大范围的环境、历史和社区传统相联系。

陵园包括 4 个长长的、低矮的矩形水泥墓穴。每一个墓穴都由 10 个相同的正方形单元组成。顶部由暗灰色的花岗岩石板覆盖。这些长方形的花岗岩石条等距地安置在平缓的斜坡上，既可作坐凳，又可以在其表面镌刻已去世的家族成员的个人生平。这里原有的植物主要是当地的树木花草，但是沃克父子引进了品种繁多的稀有花、草和芦苇，使这里的植被更加多姿多彩并具有深度。

红是这里的主色调，鲜红的罂粟花和藤蔓红蔷薇在那些坚硬而冰冷的石块周围生长并攀爬到上面。石凳之间是小片的野花草地，随着季节的变化增添了一派轻松的气氛，同时还可以短时间地保留下足迹，表示最近曾有人来访过。

沃克父子小心地选择了熟悉而有意义的构成部件，保证了简单而深沉的怀念氛围得以优雅地抒发出来。

从阶梯状石墓向东南的景色

北面景色

长条碑文石凳

个人简历

注释

图片来源

彼得·沃克

彼得·沃克是一位在实践和教学上有 40 多年经验的风景园林师，他所关注的范围相当广泛：从小型庭园的设计建造到城市和大量的新社区的规划和设计。然而他的工作和思索主要是针对中等规模区域的问题：大学校园、公司总部、城市广场及类似的公共广场以及旧城的改造。在他的这些工作中，他所研究的不仅仅是功能性的解决之道，而且还要设计出不同的户外空间，使其对区域内的居民来说具有特殊意义和纪念价值。

在创立了东海岸 SWA 事务所后，沃克先生又开设了公司的西海岸分部，后来这个分部在 1975 年成为了 SWA 集团。作为公司的主要成员、顾问和主席，沃克使得 SWA 集团成为了一个以出色环境设计而誉满全球的多行业综合机构。1983 年，他建立了一个小型的事务所以便自己更好地与顾客合作。

彼得·沃克还是公共机构和政府机构的顾问和专家，这些机构包括：旧金山重建管理局、圣迪亚哥港务局、斯坦福大学、华盛顿州和加利福尼亚州的大学以及罗马的美国学院。在哈佛设计研究生院，他是主管风景园林学科的主任，也是城市设计专业的主任，他是美国风景园林师协会会员、城市设计协会会员，他还获得了美国建筑师协会的荣誉奖章。

在日本、法国、德国、西班牙、墨西哥、菲律宾等许多国家的项目，给了沃克及他的伙伴和工作小组在更多种的地理条件和文化的氛围中实施他们城市主义和环境设计的想法的机会。

沃克和他的事务所赢得了大量的设计竞标，其中包括加利福尼亚康科得（Concord）的托多斯·桑托斯广场 （Todos Santos Plaza）的改建、圣迪亚哥的马丁·路德·金海滨大道的改建、与 BOOR/A 建筑事务所合作的加利福尼亚弗利蒙（Fremont）文化艺术中心、与贝聿铭建筑事务所合作的华盛顿州的联邦三角区、与 C. W. Fentress/J. H. Bradburn 建筑事务所及 Civitas 风景园林师事务所合作的内华达州克拉克郡政府中心、与墨菲/扬建筑有限公司合作的柏林索尼中心、与艺术家卡恩（Ned Kahn）合作的格林机场公共艺术竞赛、与 SOM 建筑事务所合作的中国工商银行等。事务所同时还是在"将巴黎的轴线延伸到德方斯西部"竞赛最后一轮中美国设计组中的成员。

彼得·沃克参与编写的题为《看不见的庭园：对美国园林中现代主义的研究》(*Invisible Gardens: The Search for Modernism in the American Landscape*)的著作，追寻了美国现代园林的历史。

学历

哈佛设计研究生院，风景园林硕士，1957；Weidenman Prize，1957

伊利诺伊大学，风景园林研究生课学习，1956

加州大学伯克利分校，风景园林学士，1955

职业经历

彼得·沃克/威廉·约翰逊及其合伙人事务所

彼得·沃克事务所

彼得·沃克和玛莎·施瓦茨事务所

SWA 集团

SWA 事务所

佐佐木事务所

风景园林师事务所

劳伦斯·哈普林风景园林事务所

教学经历

加州大学伯克利分校主任教授，1996

哈佛大学设计研究生院 Charles Eliot 职位教授，1992

哈佛大学设计研究生院副教授，1976–1991

哈佛大学设计研究生院风景园林系主任，1978–1981

哈佛大学设计研究生院城市设计课目主任，1977–1978

SWA 夏季课目主任，1973–1983

马萨诸塞理工学院访问学者，1959

哈佛大学设计研究生院，风景园林系教师，1958–1959

客座教授和访问学者：
加州大学伯克利分校
加州大学戴维斯分校
华盛顿大学
弗吉尼亚大学
路易斯安那州立大学
俄亥俄州立大学
科罗拉多大学
伊利诺伊大学
宾夕法尼亚州立大学
马萨诸塞大学
密歇根大学
新墨西哥大学
米那达斯–佩拉约大学
瑞士雷普斯威尔夏季学院

发言：
以色列耶路撒冷建筑师研讨会，1996
Wave Hill，纽约，1995
加利福尼亚艺术博物馆，Escondido，加利福尼亚，1995
IFLA31 届世界大会，墨西哥，1994
第三届国际建筑师研讨会，墨西哥，1994
Monterey 设计研讨会，1993
市政艺术协会，纽约市，1992
新加坡，1991
Kajima/哈佛设计研究生院大会，日本东京，1989
IFLA，波士顿，1988

注册资格

CLABB 认证
加利福尼亚、佛罗里达、佐治亚、伊利诺伊、马里兰、马萨诸塞、密歇根、内布拉斯加、纽约、北卡罗莱那、宾夕法尼亚、俄勒冈、德克萨斯州的注册风景园林师

荣誉

美国建筑师协会，协会奖，1992
罗马美国学院院士，1991
美国风景园林师协会会员

城市设计协会会员
《风景园林》杂志编委，1988–1991

获胜项目：
崎玉广场，崎玉县，日本，1995
中国工商银行，北京，1993
T.F.格林机场，罗德岛，1993
柏林索尼中心，1992
克拉克郡管理楼环境，内华达，1992
联邦三角地环境，华盛顿特区，1990
弗利蒙表演艺术中心，弗利蒙，加利福尼亚，1988
圣迪亚哥马里那带状公园，圣迪亚哥，加利福尼亚，1988
托多斯·桑托斯广场竞赛，康科得市和国家艺术基金，1987

设计评委：
美国建筑师协会
美国风景园林师协会
城市设计威尔士王储奖
罗马美国学院
国家艺术基金风景园林奖
《进步建筑》第一次合作奖评委会
城市设计奖
国家建筑博物馆荣誉奖

获奖

联邦住宅委员会
美国风景园林师协会
美国建筑师协会
美国规划师协会
纽约建筑师联盟
旧金山金汽球奖
国家艺术基金

发表文章

Landscape Architecture
Architecture Record
Architecture Forum
Progressive Architecture
Modern Gardens–Avant Garde, Museum of Modern Art
Arts and Architecture
domus, Italy
SD Magazine, Japan

Process: Architecture, Japan
Architecture Review, England
MASS Shinkenchiku, Japan
L'ARCA, Italy
Lotus, Italy
Global Architecture, Japan
Six Views, Contemporary Landscape Architecture
Avant Garde Sculpture
Quaderns, Spain
Garten + Landschaft 1,
Arch +, Germany
Pages Paysages, France
Japan Landscape, Japan
Shinkenchiku, Japan
Graphis, New York

书籍

《看不见的庭园：对美国园林中现代主义的研究》，与梅拉尼·西莫合著，MIT 出版社，1994

展览

"加利福尼亚：三维空间"，加利福尼亚艺术博物馆，埃斯孔迪多，加利福尼亚，1995

"合作的道路：PWWJ 事务所的风景园林师与矶崎新、赫尔穆特·扬、里卡多·莱戈雷塔、SOM、谷口吉生建筑事务所的合作"，日本东京，1993

"彼得·沃克/威廉·约翰逊及其合伙人事务所：近期园林作品"，Jernigan Wicker 艺术馆，旧金山，1992

"艺术与风景"，Corcoran 艺术馆，华盛顿特区，1992

"宣言：乔治·蓬皮杜中心永久收藏品中的精品"，法国乔治·蓬皮杜中心，1992

里尔·莱威

里尔·莱威是一位独立的艺术评论家和作家,她居住在加利福尼亚的伯克利,她在马萨诸塞州的西蒙斯学院(Simmons College)和塔夫斯大学(Tufts University)研究艺术史,她是帕克大街470美术馆的创导者,这是20世纪70年代早期波士顿的一家很有影响的美术馆,馆内有大量的绘画和雕塑作品。1974年至1983年,她经营管理了旧金山的里尔·莱威美术馆,在凯普大街项目这个被国际上认为是旧金山的官方艺术家计划中,作为创始的艺术馆长,她与图瑞尔、爱尔兰德以及鲁西尔(Mary Lucier)等艺术家一起工作,在1989年,她被任命为艺术家德菲欧(Jay De-Feo)的地产委托人。

莱威女士与彼得·沃克一起合作组织了1993年的东京展览。展览题为"合作的道路:PWWJ事务所的风景园林师与矶崎新、赫尔穆特·扬、里卡多·莱戈雷塔、Kunihide Oshinomi、SOM、谷口吉生建筑事务所的合作",她为展览写了专稿,并编写了目录。

莎拉·万斯

莎拉·万斯是马萨诸塞州剑桥的一位平面设计顾问和风景园林师。1976—1985年,她是GNU集团中的一员,这是加州Sausalito的一个市场调查公司,它的主顾包括很多风景园林和建筑事务所。

1993—1994年,万斯女士在美国风景园林师协会(ASLA)的市场竞争分析部任分析员,她还曾是波士顿风景园林师协会(BSLA)的问题分析家。她的图片设计为许多组织和刊物所认可,其中包括美国平面艺术协会、国家艺术基金主席奖、《平面》、《时代》以及波士顿风景园林师协会。

万斯女士现在瑞德克利夫研究会风景园林设计部。她曾是1993年罗德岛设计学校的访问学者,亚利桑那大学平面设计艺术的学士,哈佛设计研究生院风景园林硕士,在那里她还获得了Weidenman Prize。

注释

1. Peter Walker and Melanie Simo, *Invisible Gardens: The Search for Modernism in the American Landscape* (Cambridge: Massachusetts Institute of Technology Press, 1994).
2. Frances Colpitt, *Minimal Art: The Critical Perspective* (Seattle: University of Washington Press, 1993).
3. Maurice Tuchman et al., *The Spiritual in Art: Abstract Painting, 1890–1985* (New York: Abbeville Press, 1986).
4. John Beardsley, *Earthworks and Beyond: Contemporary Art in the Landscape* (New York: Abbeville Press, 1989).

图片来源

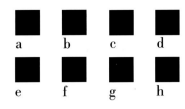

a   b   c   d

e   f   g   h

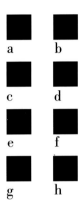

a   b

c   d

e   f

g   h

Tom Adams
38, 125g

Gerry Campbell
14–15, 16, 28–29, 31, 32, 33, 121efg, 123adfg

Dixi Carrillo
12, 13, 24, 47, 48, 49, 50, 51, 53c, 62, 63, 64, 65, 67b, 106, 107, 115, 129bcdfgh, 131ac, 136, 137abcd, 140, 141bde, 147h, 151cdf, 155abcd, 161abcd, 167abef, 171abcdef, 173abc, 175acdgh, 181e, 185d

Geoffrey Clements
20

Doug Findlay
167c

Tom Fox
37, 125f

Gian Franco Gorgoni
21

Tim Harvey
82–83, 84, 112, 113, 114, 116–117, 157bdef, 180, 181abcdfg, 184c, 185abc

Jim Hedrich
6, 46, 52, 129a

Susumu Koshimizu
79b, 79d, 149dh

Tom Leader
86, 155ef

David Meyer
58, 85, 135g, 157ac, 161efg

Hiko Mitani
88, 89, 90, 92, 93, 94, 95, 103, 108, 110A, 158ab, 159abcdfgh, 163abcdeg, 165fg 177ab

Murphy/Jahn, Inc., Architects
Engelhardt/Sellin, Photographers
Aschau I.CH., Germany
72, 73, 145abc, 172

Atsushi Nakamichi
96–97, 99, 100, 101, 163fh, 164a, 165acde

Pamela Palmer
66, 67a, 67c, 67d, 79a, 81, 98, 102, 104, 141fg, 143f, 146, 147d, 149acf, 156, 164b, 165bh, 169a

Raymond Rajaonarivelo
168abcd

Yoji Sasaki
184

Yutaka Shinozawa
111, 176

Tony Sinkosky
143dh

David Walker
11, 30, 40, 41, 42, 43, 44, 53a, 53b, 53d, 54, 55, 56–57, 59, 60, 110b, 110c, 123c, 127abcdfgh, 130ce, 131e, 133cefgh, 135abch, 141a, 169b, 177cfh, 179bc

Peter Walker
18, 19, 23, 74, 75, 76, 78, 79c, 80, 91, 109, 110d, 124, 133a, 143a, 145defgh, 149beg, 159e, 172b, 177eg, 179a, 186abc

Alan Ward
26, 27, 34, 35, 36, 39, 120abdefh, 125abceh

James Wilson
130a

Eiji Yonekura
68–69, 70, 71, 143bceg

Gerry Zekowski
161h

Drawings

William Johnson
118, 138ef, 139def, 153abgh, 162a

后 记

《彼得·沃克 极简主义庭园》一书全面介绍了园林设计师彼得·沃克的设计思想与主要作品。全书分为两个部分：第一部分由莱威的评论《与大地对话：彼特·沃克的艺术》和沃克的一篇自述《园林中的古典主义、现代主义和极简主义》组成，使读者对沃克的设计思想及其演变有一个扼要的了解；第二部分为沃克的代表作，着重较全面介绍了从 70 年代中期以后有代表性的园林设计作品及设计方案三十余项。